主笔

刘轻扬　许　伟　王　蕊

审订

王　凯

绘图

段泯君　陈宣翰　蔡欣如

衡雪玲　朱钰欣

给孩子的气象之书

中国天气 著

重庆大学出版社

图书在版编目（CIP）数据

给孩子的气象之书 / 中国天气著 . -- 重庆：重庆
大学出版社，2023.10
ISBN 978-7-5689-3959-1

Ⅰ.①给… Ⅱ.①中… Ⅲ.①气象学－少儿读物
Ⅳ.① P4-49

中国国家版本馆 CIP 数据核字 (2023) 第 099026 号

给孩子的气象之书
GEI HAIZI DE QIXIANG ZHI SHU

中国天气 著

责任编辑：王思楠
责任校对：刘志刚
责任印制：张　策
装帧设计：段泯君

重庆大学出版社出版发行
出版人：陈晓阳
社址：（401331）重庆市沙坪坝区大学城西路 21 号
网址：hp://www.cqup.com.cn
印刷：重庆升光电力印务有限公司
开本：787mm×1092mm　　1/16　　印张：10.5　　字数：150 千
2023 年 10 月第 1 版　　2023 年 10 月第 1 次印刷
ISBN：978-7-5689-3959-1　　定价：58.00 元

目录

前言

天气大家庭
天气与我们的生活 12
常见的天气符号 14
天气与气候 15

大气的组成
大气层 16
平流层 17

云的秘密：
有时并不像看起来那样温柔
云的本质 18
云的分类：一张图看懂十种云 20
什么云像棉花糖？ 22
危险的云 24

风往哪个方向吹？
风的形成 27
风向 28
季风 29

风速、风力与风矢
风速与风力 30
风力等级划分标准 30
狭管效应 32
风矢 34

台风、飓风、气旋风暴与
被除名的台风
热带气旋在不同地区有着不同的称呼 38
如何给台风起名字？ 40
被除名的台风 42

台风眼越清晰，台风越可怕？
台风的结构 44
台风的诞生 46

台风的影响
台风导致的灾害 48
台风的好处 51

台风的防范
台风预警信号 52
防台准备 52
台风来临 53
台风过后 53

龙卷风王国在哪里？

龙卷风长什么样？ 54

龙卷风的踪迹 55

我国龙卷风的活动情况 56

龙卷风有多强？

什么是龙取水？ 58

加强版藤田级数 59

谣言粉碎机：遭遇龙卷风到底怎么办？ 60

沙尘暴的形成与分类

沙尘天气如何分类 62

形成沙尘暴的气候 63

中国的沙源地 64

沙尘暴的危害与防护

沙尘暴的危害 66

沙尘暴的防范措施 68

雷电：一种"爱情火花"

雷电如何爆发？ 71

闪电的温度超过太阳表面的温度 72

雷电日数 74

算一算闪电离你有多远 75

预防雷电袭击的正确方法

尖端放电与避雷针 76

雷击易发生的部位 76

雷电研究的先驱 78

雷雨天在家里应注意什么？ 79

户外防雷必读 80

降水的形成

降水时云里发生了什么？ 82

四种降雨成因 82

人工增雨是怎么回事？ 84

我国的雨季 86

中国年降水量分布 88

制作一个好用的雨量器

降水量 89

如何制作一个好用的简易雨量器 90

降雨等级划分 92

暴雨的分类 94

在暴雨洪涝中保护自己

当城市发生内涝时 96

在野外遭遇洪水时 98

山体滑坡、崩塌、
泥石流的发生前兆及避险

山体滑坡发生前兆及避险 100

崩塌发生前兆及避险 101

泥石流发生前兆及避险 101

雪

美妙的六角形雪花是如何形成的？ 102

降雪量 103

积雪深度 104

干雪与湿雪：下雪天用不用打伞？ 105

荒野求生：如何挖一个雪洞避寒？ 108

降水家族里的另类插班生：冰雹

冰雹有多大？ 112

积雨云如何产生冰雹？ 113

飞机如何躲避冰雹？ 114

冻雨

形成冻雨的大气结构 116

"冻雨之乡"是哪里？ 117

冻雨的危害及防护 118

霰 119

雾

雾是靠近地面的云？ 120

形成雾的 4 个条件 121

几种常见的雾 122

雾的能见度 124

雾对交通安全的影响 126

高速公路上遇到团雾怎么办？ 128

雾霾天气的防护

雾与霾的区别 130

霾对身体健康的危害 131

应对"健康杀手" 132

寒潮

不是所有冷空气都是寒潮 135

寒潮的形成过程 136

寒潮路径 137

寒潮的影响 138

寒潮也有好处 139

寒潮的应对 139

失温

失温不只发生在冬季 140

失温有哪些症状？ 141

如何预防失温？ 142

体感温度 144

高温天气

城市的"热岛效应" 146

"火炉"与"火洲" 148

高温天气不等于桑拿天 150

三伏天与秋老虎 151

中暑

中暑的定义和症状 152

中暑后的急救措施 153

预防中暑的措施 154

季节与节气

四季的形成 156

四季的划分 158

全球变暖

温室效应 160

碳达峰与碳中和 162

《联合国气候变化框架公约》 163

未完待续……

前言

风云雷电，雨雪晴天，每一天的天气都是如此不同。

天气好像是大自然的表情，一会儿喜笑颜开，一会儿阴云密布。

天气现象变化不定，我们每个人都能看到、听到、感受到，但它背后到底藏着什么奥秘呢？

这是一本带你透过刮风、降雨、落雪、打雷等现象看本质、学知识的书，也是一本教你如何防御台风、暴雨、雷电等各种灾害性天气的书。

这是一场上天入地、观云听雨的神奇旅程，让我们从了解天气大家庭、认识基本的气象符号开始吧！

天气大家庭

地球被大气所包围，像鱼生活在水中一样，人生活在地球大气的底部，并且一刻也离不开大气。天气就是指一个地方距离地表较近的大气层在短时间内的具体状况，包括阴、晴、雨、雪、风、云、雾、雷等各种天气现象。

天气与我们的生活

天气现象可以被我们实实在在地感受到，也无时无刻不在影响着我们的生活。天气既可带来雨泽与冷暖，造福人类，也可造成旱涝霜雹等灾害，带来生命和财产损失。

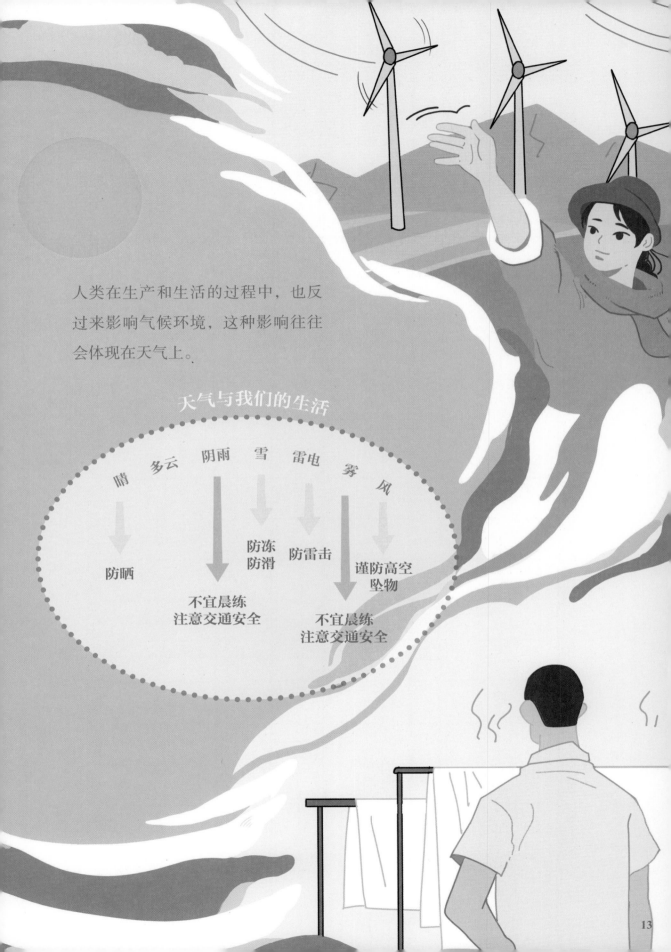

人类在生产和生活的过程中，也反
过来影响气候环境，这种影响往往
会体现在天气上。

天气与我们的生活

晴　多云　阴雨　雪　雷电　雾　风

防晒

防冻
防滑

防雷击

谨防高空
坠物

不宜晨练
注意交通安全

不宜晨练
注意交通安全

常见的天气符号

符号	名称	符号	名称
☀	晴（白天）	＝	轻雾
☾	晴（夜晚）	≡	雾
⛅	多云（白天）	☁*	雨夹雪
☁	多云（夜晚）	✳	小雪
☁	阴天	✳✳	中雪
☁	小雨	✳✳	大雪
☁	中雨	⊔	霜冻
☁	大雨	F	4级风
☁	暴雨	F	5级风
⛅	阵雨	F	6级风
∾	冻雨	F	7级风
⛈	雷阵雨	⏚	8级风
⚡	雷电	⏚9	9级风
▲	冰雹	ϭ	台风
∞	霾	S	浮尘

14

天气与气候

天气是大气的"短期表现"，气候则是一种"长期综合表现"。根据世界气象组织（WMO）的规定，一个标准气候计算时间为30年。

气候以冷、暖、干、湿这些特征来衡量，通常由某一时期的平均值和离差值表征。气候的形成主要受太阳辐射、地理位置（经纬度和海拔高度）、距离海洋的远近以及地球运动、大气环流等影响。

大气的组成

　　大气就是包围地球的空气。过去人们认为地球大气的组成是很简单的，直到 19 世纪末才知道地球上的大气是由多种气本组成的混合体，并含有水蒸气和部分杂质。

　　大气的主要成分是氮气、氧气、各种稀有气体、二氧化碳以及水蒸气等。氮气和氧气的占比超过 99%。二氧化碳、水蒸气是大气的"易变成分"，其中变化最大的是水蒸气。大气中还悬浮着水滴、冰晶、尘埃、孢子、花粉等液态或固态散粒。

大气层

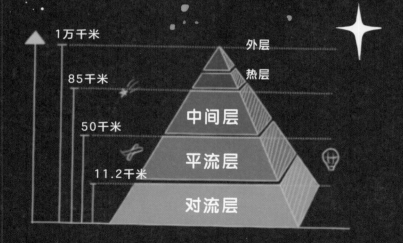

1万千米　　　　　　　　　　　外层
85千米　　　　　　　　　　热层
　　　　　　　中间层
50千米
　　　　　　　平流层
11.2千米
　　　　　　　对流层

　　大气层是对大气的分层描述。整个地球大气层自下而上依次是：对流层、平流层、中间层、热层（暖层）和外层（散逸层）。对流层是最接近地球表面的一层，对人类生产生活影响最大，大部分天气现象也都发生在这里。

★ 平流层

　　平流层内气流比较平稳，空气的垂直混合作用显著减弱。平流层中水蒸气含量极少，所以大多数时间天空是晴朗的，能见度高。平流层对航空活动非常有利。有时对流层中发展旺盛的积雨云也可伸展到平流层下部。

　　自然界中的臭氧，大多分布在距地面 20～50 千米的大气中，这一特殊层次我们称之为臭氧层，它位于平流层的中上部。

　　臭氧层中的臭氧主要是紫外线制造出来的，在太阳辐射的作用下，部分氧气分子会发生光解反应，通过再结合形成臭氧分子。臭氧具有强大的吸收紫外线辐射的能力，保护了地球生物免受紫外线辐射的伤害，在吸收紫外线辐射的同时，臭氧层周围的区域会增温，这对地球的大气和气候系统也会产生一定影响。

云的秘密：
有时并不像看起来那样温柔

云的本质

　　蓝蓝的天上白云飘，但你知道吗，云的本质是水。地面上的水受热变成水蒸气混合在空气中，在一定的高度，随着环境温度的降低，空气中的水蒸气会达到饱和。因此，多余的水蒸气会在凝结核上聚集形成水滴和冰晶。它们将阳光散射到各个方向，使云体现出不同的颜色、亮度和形态，给我们带来了丰富多彩的云景观。

受热

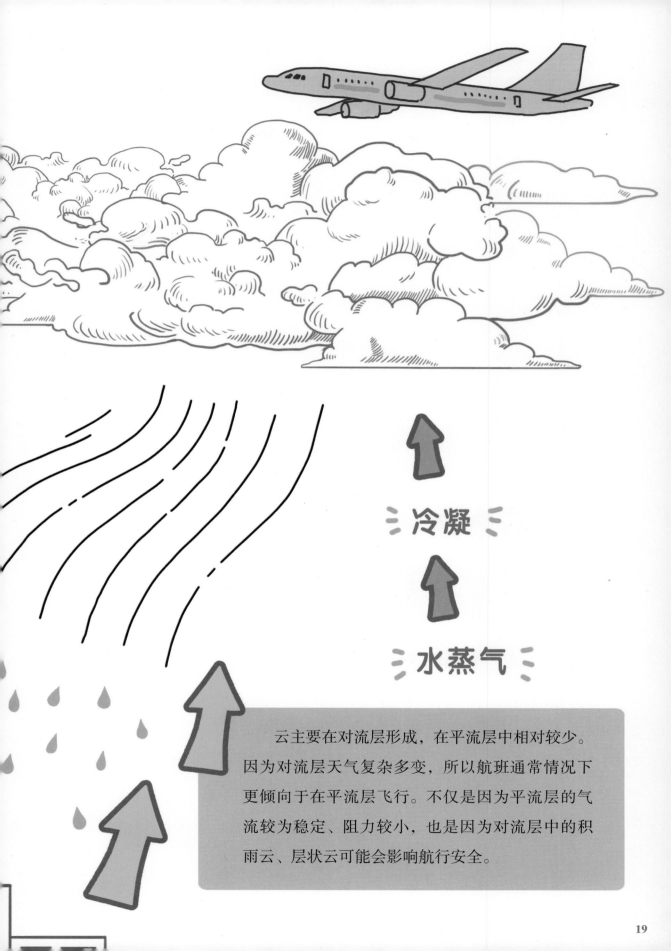

冷凝

水蒸气

云主要在对流层形成，在平流层中相对较少。因为对流层天气复杂多变，所以航班通常情况下更倾向于在平流层飞行。不仅是因为平流层的气流较为稳定、阻力较小，也是因为对流层中的积雨云、层状云可能会影响航行安全。

云的分类：
一张图看懂十种云

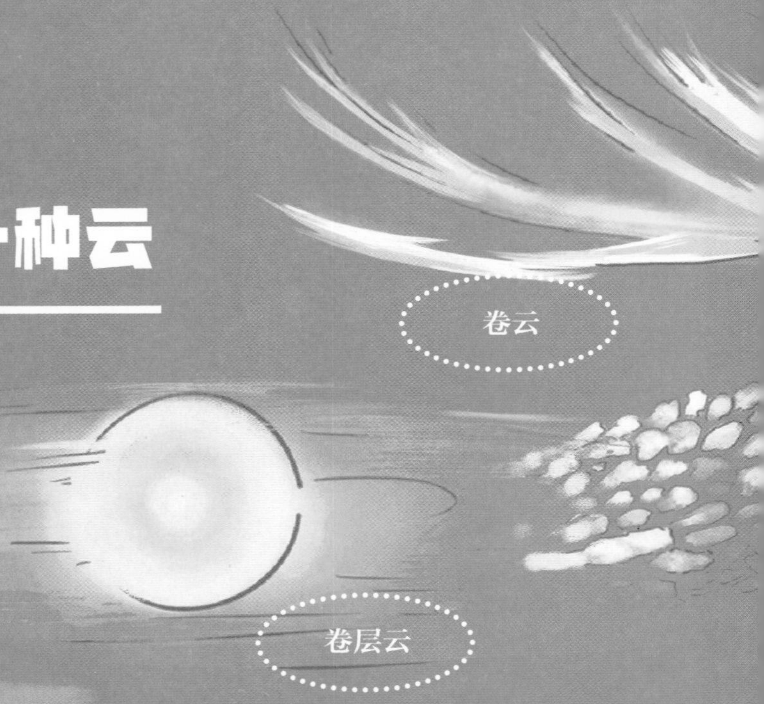

卷云

高云族

卷层云

中云族

高层云

低云族

虽然云的形态千奇百怪，但总体来看主要呈现为三种形态：堆状或球状的积云、平坦均匀的层云和纤维状的卷云。历史上，英国气象学家卢克·霍华德提出了最早的云的分类系统，他就将云分为了三类：卷云、积云和层云。这一分类系统被广泛采纳，为现代的云的分类奠定了基础。

雨层云

积云

层云

在不断地修正与更新下，云的分类系统也在持续进步。在最新的分类系统中，根据云底的高度，我们可以把云分为低云、中云和高云三大云族。再按照云的外形特征、结构和成因，又可以将其细分为十属二十九类。

卷积云

高积云

层积云

积雨云

低云族包括层积云、层云、雨层云、积云、积雨云五属；中云族包括高层云、高积云两属；高云族包括卷云、卷层云、卷积云三属。

什么云像棉花糖？

积云往往出现在阳光灿烂的日子里——蓝天之上，白云朵朵，就像白色的棉花糖，给人带来明亮和愉悦的感觉。积云的高度一般为 600～2000 米。

淡积云

积云往往形成于太阳升起后的几个小时，当地面被太阳加热后，地表的空气上升形成对流。在上升过程中空气中的水汽逐渐冷却并凝结聚集，就会形成这些"棉花糖"。

积云有淡积云、浓积云、碎积云三种。

危险的云

  雨层云和积雨云都能制造降水，但雨层云的降水平缓且持久，而积雨云的降水则迅猛但相对短暂。

  雨层云是一种厚重的、分布均匀的降水云层，呈暗灰色，缺乏纹理和规则形状，云层高度为 600 ～ 2000 米，水平分布范围很广，遮天蔽日。

　　相对而言，积雨云是更危险的一种云。积雨云云体浓厚而庞大，远看像耸立的高山，呈乌黑或暗蓝色，云底高度通常也为 600～2000 米，常常带来短时强降水、雷暴大风、冰雹等强对流天气。极少数情况下它甚至会发展成超级单体风暴，这时候，最紧要的事情就是赶紧远离它。

风往哪个方向吹?

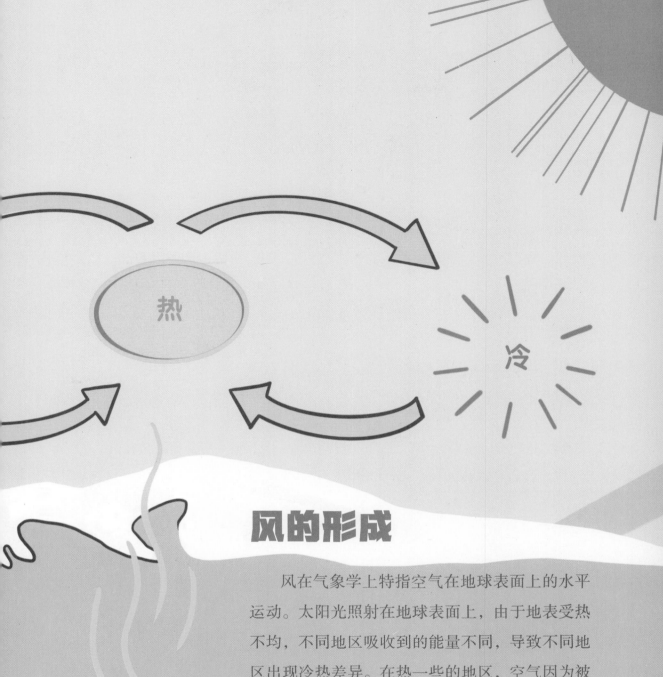

风的形成

    风在气象学上特指空气在地球表面上的水平运动。太阳光照射在地球表面上，由于地表受热不均，不同地区吸收到的能量不同，导致不同地区出现冷热差异。在热一些的地区，空气因为被加热而膨胀上升，这里的气压就会降低，而冷一些的地区空气较为密集而下沉，这里的气压就会升高，正是这种气压差异引起了空气的水平运动，也就形成了风。风总是从高气压吹向低气压，而且气压差越大，风速就越大。

风 向

　　风向是指风吹来的方向，北风的意思就是风从北方来，而南风才是指风向北吹。风向一般用8个方位表示，分别为：北、东北、东、东南、南、西南、西、西北。

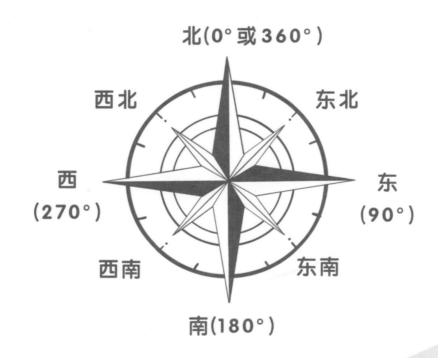

在地面进行人工观测时，地面风向用 16 个方位表示，除上面的 8 个方位外还有北东北、东东北、东东南、南东南、南西南、西西南、西西北、北西北。仪器自动观测风向时常用方位度数表示风向，即以 0°（或 360°）表示正北，90° 表示正东，180° 表示正南，270° 表示正西。

季风

风随季节的变化是有规律的。对于我国来说，冬季时北方大陆地区气温低，空气冷、密度大，形成冷高压，风由大陆吹向海洋地区，所以盛行偏北风。夏季则相反，大陆增温比海洋快，海洋地区形成高压而大陆地区形成低压，风由海洋吹向大陆，所以夏季盛行偏南风。这种风向随季节规律变化的风被称为季风。

风速、风力与风矢

风速与风力

风速，是指空气在单位时间内流动的水平距离，常用单位是米/秒。风力，是指风的强度，气象上用蒲福风级表示。风速没有等级，风力才有等级，风速是风力等级划分的依据。风速越大，风力等级越高，风的强度就越大，破坏性也就越大。

风力等级划分标准

在蒲福风级表中，根据风对地面或海面物体的影响而引起的各种现象，风被划分为0～12级。后来，为了便于观测、预报、预警业务开展及科学研究需要，我国2012年6月发布了《风力等级》国家标准，依据标准气象观测场10米高度处的风速大小，将风力等级依次划分为0～17级共18个等级。不过，历史上也出现了中心附近最大风力超过17级标准的超强台风，我们将这种级别的风力划分为18级（≥61.3米/秒），但这种情况在陆地上几乎不会出现。

风力等级划分标准
蒲福风级表

风力等级	风的名称	风速		陆地现象
		米/秒	千米/小时	
0	无风	0~0.2	<1	静、烟直上
1	软风	0.3~1.5	1~5	烟能示风向，但风向标不能转动
2	轻风	1.6~3.3	6~11	人面感觉有风，树叶有微风，风向标能转动
3	微风	3.4~5.4	12~19	树叶及微枝摆动不息，旗帜展开
4	和风	5.5~7.9	20~28	能吹起地面灰尘和纸张，树的小枝微动
5	轻劲风	8.0~10.7	29~38	有叶的小树枝摇摆，内陆水面有小波
6	强风	10.8~13.8	39~49	大树枝摇摆，电线呼呼有声，举伞困难
7	疾风	13.9~17.1	50~61	全树摇动，迎风步行感觉不便
8	大风	17.2~20.7	62~74	微枝折毁，人向前行感觉阻力甚大
9	烈风	20.8~24.4	75~88	建筑物有损坏（烟囱顶部及屋顶瓦片移动）
10	狂风	24.5~28.4	89~102	陆上少见，见时可使树木拔起或将建筑物严重损坏
11	暴风	28.5~32.6	103~117	陆上绝少，其破坏力极大
12	飓风	32.7~36.9	118~133	陆上绝少，其破坏力极大
13	——	37.0~41.4	134~149	——
14	——	41.5~46.1	150~166	——
15	——	46.2~50.9	167~183	——
16	——	51.0~56.0	184~201	——
17	——	51.6~61.2	202~220	——
18	——	≥61.3	≥221	

狭管效应

　　"狭管效应"也称"峡谷效应"或"颈束效应"，是指气流通过狭小通道或地形时，气流速度会增加的现象。当气流由开阔地带流入狭小通道时，由于空气质量不能大量堆积，于是加速流过狭小通道，气流流速增加，当流出狭小通道时，气流速度又会减缓。

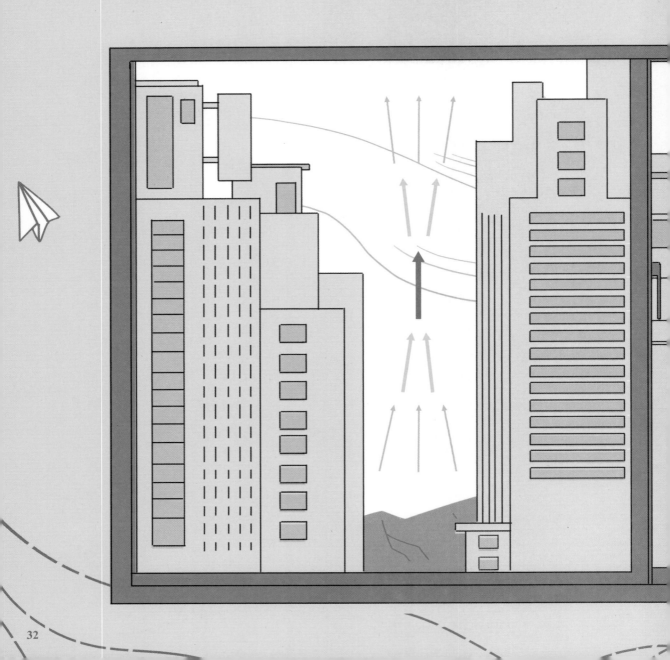

在城市中，楼与楼之间也会因"狭管效应"产生"狭管风"，这是各大城市面临的新问题，是一种新的城市灾害。比如，在高层建筑林立的商业区，广告牌及招牌密集，易被吹落，因此大风天尽量不要在广告牌匾及其悬挂物下逗留，也尽量不要在"狭管效应"显著的区域开车或行走，以免遭遇意外事故。

分清平均风力与阵风

在天气预报中，常听到如"北风 4～5 级"之类的用语，此时所指的风力是平均风力；有时也会听到"阵风 7 级"的用语，阵风其实是一种特殊的空气流动现象，是指风速在短时间内出现忽大忽小变化的风，此处"阵风 7 级"的意思其实是"瞬时极大风速可以达到 7 级"。

风矢

气象学中表示风向、风速的符号，叫作风矢。

风矢由两部分组成，分别为风向杆与风羽。

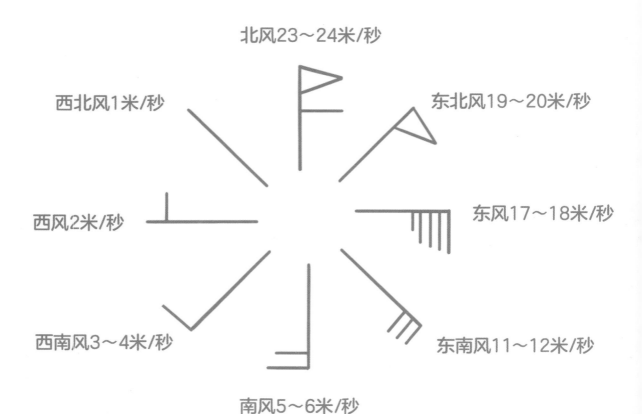

北风23～24米/秒

西北风1米/秒

东北风19～20米/秒

西风2米/秒

东风17～18米/秒

西南风3～4米/秒

东南风11～12米/秒

南风5～6米/秒

风羽（也称风尾）：

　　垂直在风向杆末端右侧（北半球）的短划线和小三角，用来表示风速。一条长划线表示 4 米/秒，一条短划线表示 2 米/秒，风三角表示 20 米/秒。

风羽

风向杆（也称风标）：
指出风的方向，
有 8 个或 16 个方位。

风向杆

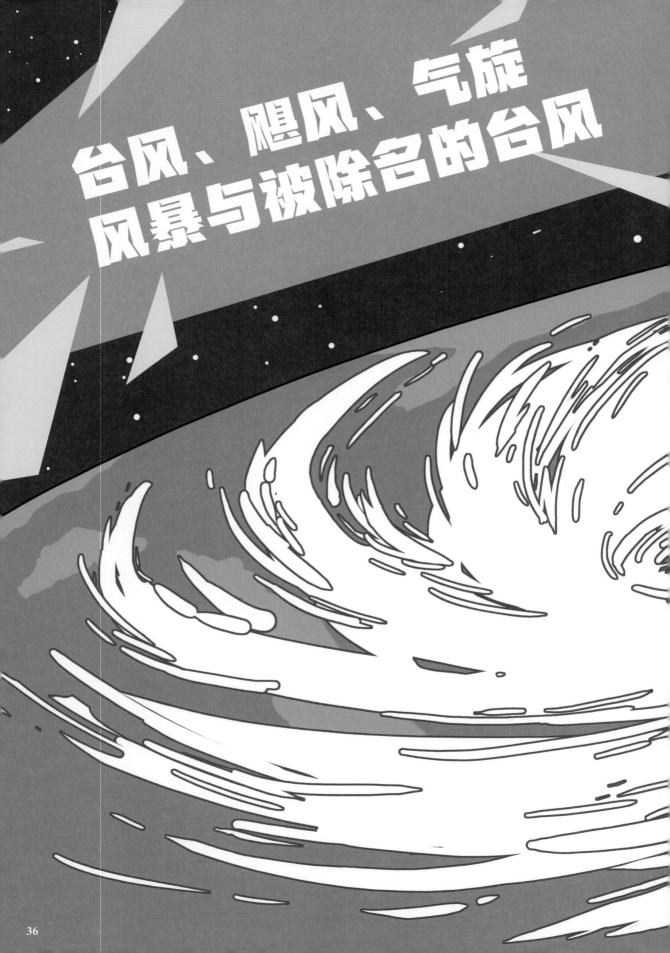

台风、飓风、气旋风暴与被除名的台风

　　热带气旋，是发生在热带或副热带洋面上的低压涡旋，是一种强大而又深厚的热带天气系统。在北半球，热带气旋逆时针旋转，南半球则相反。

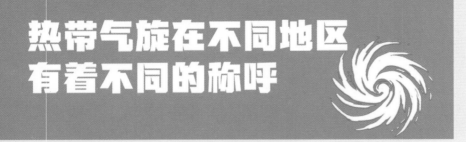

热带气旋在不同地区
有着不同的称呼

出现在西北太平洋及其沿海地区的热带气旋被称为"台风"。

在我国非正式场合，"台风"甚至直接泛指热带气旋本身。如果细究一下的话，其实"台风"专指中心附近地面最大风力达到12级（及以上）的热带气旋。热带气旋如果不够强的话，可以称它为热带低压或热带风暴、强热带风暴。

出现在北太平洋和东北太平洋及其沿海地区的热带气旋被称为"飓风"。

出现在印度洋和南太平洋地区的热带气旋被称为"气旋风暴"。

如何给台风起名字？

　　台风的影响很大，一个台风的动向，往往是国际性话题。为了便于对不同地区的台风进行准确地辨识和交流，人们不但对它们进行了编号，还给它们起了名字。台风的名字由世界气象组织台风委员会的 14 个成员国和地区提供。14 个成员国和地区各提供 10 个名字，共 140 个名字，从 2000 年 1 月 1 日起按顺序年复一年地循环使用。

　　中国最初提出的 10 个名字是：龙王（后被"海葵"代替）、悟空、玉兔、海燕、风神、海神、杜鹃、电母、海马和海棠。这些有趣的名字让你产生了什么联想？

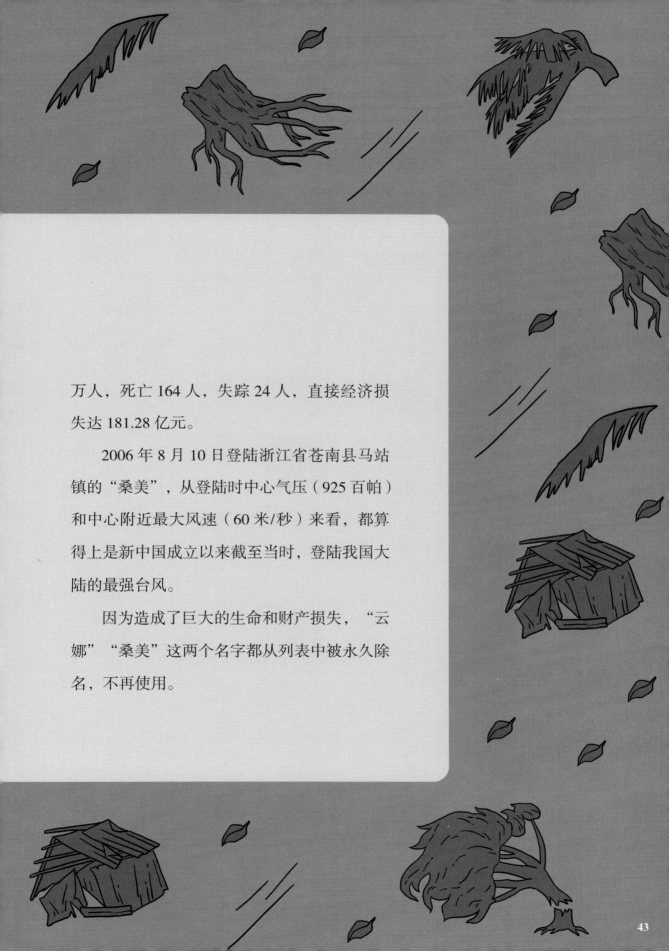

万人，死亡 164 人，失踪 24 人，直接经济损失达 181.28 亿元。

2006 年 8 月 10 日登陆浙江省苍南县马站镇的"桑美"，从登陆时中心气压（925 百帕）和中心附近最大风速（60 米/秒）来看，都算得上是新中国成立以来截至当时，登陆我国大陆的最强台风。

因为造成了巨大的生命和财产损失，"云娜""桑美"这两个名字都从列表中被永久除名，不再使用。

台风眼越清晰，
台风越可怕？

台风的结构

　　如果从很高很高的地方俯瞰台风，可以看到它有庞大的涡旋状的云系，绵延数百至上千千米。按照云系特征，台风的结构可分为三个部分，从中心向外依次为：台风眼区、云墙区、螺旋雨带区。

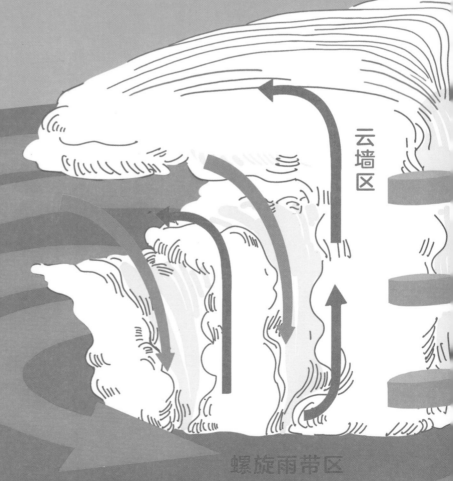

云墙区

螺旋雨带区

台风眼区：台风眼是台风区别于热带气旋与温带气旋较显著的特征之一。这里风速显著降低，干暖少云，平均直径约几十千米。一般而言，台风越强，从云图上看，其台风眼越清晰。

云墙区：也被称为眼壁，是分布在台风眼区外围，由高耸的积雨云形成的圆环状的云区，好似一堵高耸的云墙。云墙宽度一般有几十千米，高十几千米。这里狂风呼啸，大雨如注，海水翻腾，天气最恶劣。

螺旋雨带区：也被称为螺旋云带、螺旋云雨带，分布在云墙外围，这些雨（云）带宽窄不一，分布疏密不一，呈螺旋状向台风内部辐合。雨（云）带宽十几千米到几百千米，长可达数千千米，实际上也是水汽输送带。雨带所经之处会降阵雨，出现大风天气。

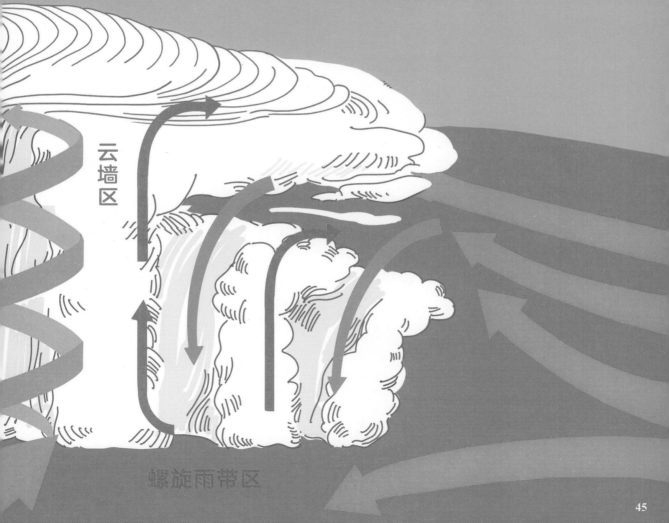

眼

云墙区

螺旋雨带区

台风的诞生

一个台风的生命周期

台风也有"生命"，一个台风的生命周期可大致分为生成、发展、成熟、消亡4个阶段。大多数台风的持续时间通常在数天到两周之间，但不同台风的持续时间受气象条件、地理环境和大气环流等因素影响各有不同，有的台风甚至可以持续一个月左右（例如1994年的台风"约翰"），不过一旦台风登陆后，其持续时间通常会显著减少。

形成台风的必备条件

科学家发现，台风的形成需要以下4个必备条件，缺一不可：

第一，要有暖性洋面——这就好比是台风形成的"温床"。热带洋面要足够广阔，海水表面温度要高于26.5℃，而且在较大的深度范围内都保持较高的水温，这样台风可以从海水中获得足够的热能来维持其能量供应。

第二，要有初始扰动——这就好比是台风的"胚胎"。在台风形成之前，会先有一个弱的热带扰动存在。这种扰动中心是一个低气压区，周围的空

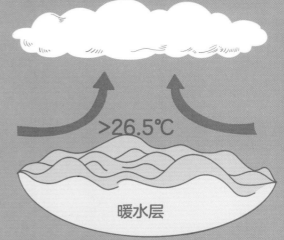

>26.5℃

暖水层

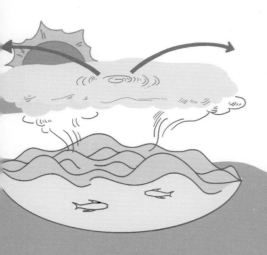

气带动着水汽向这里辐合后，产生垂直方向的上升运动，并在高层向四周辐散。在这个过程中水汽的蒸发和凝结使初始扰动从温暖的海水中获取了能量，并不断加强。

第三，要有足够大的地球自转偏向力。地球的自转，产生了一个使空气流向改变的力，被称为"地转偏向力"，这种效应有利于气旋性涡旋的生成。地转偏向力在赤道附近接近于零，向南北两极增大，台风在距离赤道大约 5 个纬度以外的洋面上才能形成。

第四，高低空之间的风向风速差别要足够小。初始的热带扰动要想迅速发展成热带气旋，上下空气柱要"行动一致"，这样空气中的热量才容易积聚，从而快速增暖形成暖心结构。如果高低空风速风向差异很大，那么这个天气系统就很容易被拆散。

以上这些条件相互作用，将有助于台风的形成和增强。不过，台风的形成是一个复杂的过程，还会受到很多其他气象条件和海洋条件的影响。

台风的影响

台风导致的灾害

　　台风引发的直接灾害通常由狂风、暴雨、风暴潮三方面造成。

　　一是狂风。超强台风的最大风速可达 60 米/秒以上，这种程度的狂风不仅可以掀翻、抛起船只，也足以破坏建筑物、折断树木、损毁通信设备及能源设施。同时，高层建筑物上的物体很容易坠落，各种杂物碎片也会被吹到半空中高速飞行，使户外环境变得非常危险，非常容易造成生命和财产损失。

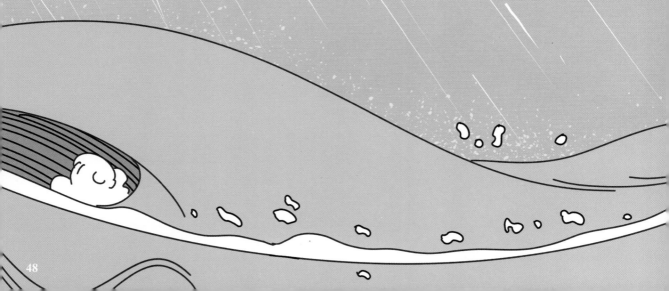

二是暴雨。台风能带来非常猛烈的降雨，不仅累积雨量可以达到大暴雨或者特大暴雨级别，也能导致降雨强度超过100毫米/小时的短时强降水。这种短时强降水极易导致城市内涝、河流水体迅速上涨引发洪水，在山区也可能诱发山洪和泥石流，这些都是台风引起的气象灾害。

三是风暴潮。当台风向陆地移动时，台风强大的风力作用将海水推向岸边，使得海水会在海岸线附近堆积，导致海平面在短时间内上升数米甚至更多，造成沿海地区被淹没、各类设施受损、生态环境被破坏等影响。如果风暴潮与天文大潮相遇叠加，则会造成更加严重的灾害，若未提前做好应对工作，会导致大量人员伤亡和财产损失。

台风的好处

台风带来了许多灾害和破坏，但在某些情况下，台风也可以对自然界和环境产生一些积极的影响，比如它能给陆地带来丰富的淡水资源，它也有利于渔业发展，等等。作为大自然的重要组成部分，台风本身就对地球上的生态系统有着极其深远的影响。我们要做的，就是加深对它的认识，对它可能带来的灾害进行科学防范。

台风的防范

台风预警信号

台风来临前，应密切关注台风的动向，尤其是气象部门发布的台风预警信号。气象部门按台风可能造成的影响程度，会从轻到重发布蓝、黄、橙、红四色台风预警信号，公众应当遵循预警信息的指示，积极采取防御措施，确保自己及家人的安全。

防台准备

台风来临前，要作好充分的防台准备，如准备所需的食物、净水、药品、应急灯以及有关的生活必需品等；要清理露天阳台和平台上的杂物，

保持排水管道畅通，以免台风暴雨引起排水不畅而倒灌室内；要转移或加固一切可能受台风影响而对人有安全威胁的物品，例如：阳台悬挂的装饰物、衣架、窗台上的花盆等，防止因其掉落砸伤人。

台风来临

台风来临时，不要在危旧房、工棚、脚手架、树下、广告牌下、电线杆旁、霓虹灯下等容易造成伤亡的地点避风避雨。

应尽量避免在河、湖、海的路堤和桥面上行走，以免被风吹倒或吹落水中。

台风过后

当台风预警信号解除后，要在撤离地区被宣布为安全后才返回。要注意检查房屋及周边建筑物损坏情况，确保安全后再进入房间。未经安全确认，不要直接使用煤气、电线线路，如有重大损失，及时向有关部门报告，寻求帮助和救援。家中的饮用水、食品应当确认没有受到污染后再食用，并注意保持个人卫生，防止疾病传播。

龙卷风王国在哪里?

龙卷风长什么样?

　　龙卷风是一种强烈的、小范围的天气现象，是由雷雨云向地面方向伸展的，快速旋转的直立中空管状的气流。龙卷风大小不一，但形状一般都呈上大下小的漏斗状，通常伴有强风、雷雨，有时也伴有冰雹。北半球的龙卷风逆时针旋转，而南半球的龙卷风则是顺时针旋转的，人们极偶尔也会观测到反气旋龙卷风（在北半球顺时针旋转）。龙卷风持续时间较短，通常为几分钟到几十分钟。

龙卷风的踪迹

龙卷风主要出现在中纬度地区，北美洲、欧洲地区以及中国、日本、澳大利亚等国家每年都会出现龙卷风。

美国是龙卷风活动最为活跃的国家之一。根据美国国家海洋和大气管理局（NOAA）的统计，自 1990 年以来，美国每年记录到的龙卷风几乎都超过 1000 个，平均每年超过 1200 个，堪称"龙卷风王国"。在美国，大部分龙卷风都发生在美国中西部地区，这一地区被称为"龙卷风走廊"。

我国龙卷风的
活动情况

在我国，龙卷风多发于春季、夏季，发生在
4—8 月的龙卷风约占全年的 92%，又以午后到傍
晚最为多见。

我国平原地区是龙卷风相对高发的地区，
长江中下游平原、珠三角、东北平原、华北平
原等地都是龙卷风发生较多的地区。

根据国家气候中心 1991—2020 年的统计数据，我国平均每年有 38 个龙卷风，江苏和广东最多，年均龙卷风分别为 4.8 个和 4.3 个。

龙卷风有多强?

什么是龙取水?

    龙卷风影响范围小，但破坏力极大。它的中心风力可达 12 级以上，最强龙卷风的地面风速可高达 110 ~ 200 米/秒，龙卷风能把物体暴力吸卷上天，有时龙卷风把海（湖）水吸离海（湖）面，形成水柱，然后同云相接，俗称"龙取水"。

加强版藤田级数

为了界定龙卷风的强度，1971 年，美国芝加哥大学的藤田哲也博士基于龙卷风在其路径上造成的破坏大小和风速的对应关系，将龙卷风分为 6 个等级，从 F0—F5 级，即"藤田级数"。2000 年，美国多个部门专家又将其修订为 EF0—EF5 级，称其为"改良藤田级数"，改良藤田级数增加考虑了建筑物的坚固程度，可以更准确评估龙卷风的强度。

我国有关部门制定的《龙卷风强度等级》中，以龙卷风发生时近地面阵风风速最大值为指标，将龙卷风的强度分为弱、中、强、超强 4 个等级。

谣言粉碎机：
遭遇龙卷风到底怎么办？

如果是在室内，躲避龙卷风最安全的地方是地下室或半地下室。如果没有，室内的浴室通常是家里最坚固的房间。在那里你可以爬进浴缸以便更好地保护自己，或者躲在坚固的家具下方，抓紧桌子腿或其他稳定的东西，并用手护住头部和颈部。

关于龙卷风的谣言很多，比如说遇到龙卷风要打开窗户就是其中一种。事实上，龙卷风来临时，一定要注意关紧门窗，因为打开门窗会增加飞行物体进入房间和击中室内物体的可能性。

在野外遇到龙卷风时，如果没有可以躲避的场所，应就近寻找一处沟渠或深沟以躲避龙卷风。应伏于地面，但要远离大树、电线杆，以免被砸、被压和触电。

开车外出遇到龙卷风时，如果无法向相反方向躲避时，千万不要试图绕行躲避，也不要在汽车中躲避，因为汽车对龙卷风几乎没有防御能力，应立即离开汽车，到低洼地躲避。

沙尘暴的形成与分类

沙尘天气如何分类

沙尘天气依据水平能见度，同时参考风力大小，划分为浮尘、扬沙、沙尘暴、强沙尘暴和特强沙尘暴 5 个等级。

浮尘：无风或风力 ≤ 3 级，沙粒和尘土飘浮在空中使空气变得浑浊，水平能见度小于 10 千米。

扬沙：风将地面沙粒和尘土吹起，使空气相当浑浊，水平能见度在 1～10 千米之间。

沙尘暴：强风将地面沙粒和尘土吹起，使空气很浑浊，水平能见度小于 1 千米。

强沙尘暴：风将地面沙粒和尘土吹起，使空气很浑浊，水平能见度小于 500 米。

特强沙尘暴：风将地面沙粒和尘土吹起，使空气特别浑浊，水平能见度小于 50 米。

较强沙尘天气的形成，需要 3 方面因素：强风、沙尘源和不稳定的大气层。强风是动力，也是沙尘能够长距离输送的动力保证；沙尘源则为沙尘暴提供了物质基础；不稳定的大气层则会加强地表风力、促进对流活动，进一步为沙尘天气的发展创造有利条件。

形成沙尘暴的气候

沙尘暴多发生在春季，气柱最不稳定的春季午后是沙尘暴的多发时段。春季北方地区干旱少雨、冷空气活跃，这些条件会使土壤失去黏结力，形成颗粒物。强风将沙粒等颗粒物吹起并悬浮在空中，便容易引发沙尘暴。

沙尘暴的形成过程可以分为 3 个阶段：起沙、卷沙和消沙。起沙指风刚开始吹拂，卷沙指形成"沙墙"，消沙指风力减弱或停止。

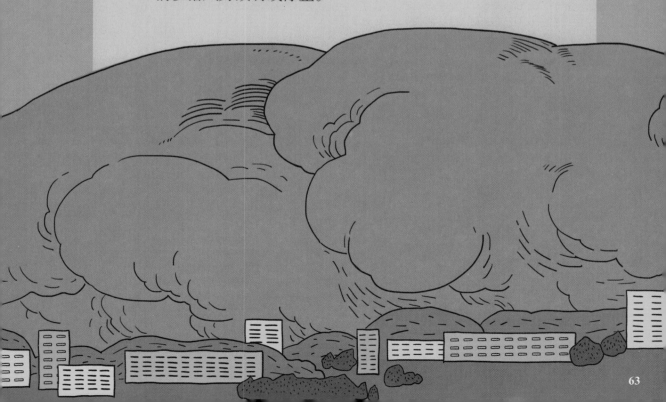

中国的沙源地

　　我国的沙尘源主要为北方的干旱和半干旱地区，一是新疆塔里木盆地边缘，二是甘肃河西走廊和内蒙古阿拉善地区，三是陕、蒙、晋、宁西北长城沿线的沙地、沙荒地旱作农业区；四是内蒙古中东部的沙地。

　　我国的沙尘暴多发区分别处于我国西北的巴丹吉林、腾格里、塔克拉玛干、乌兰布和沙漠及蒙古国南部戈壁等荒漠化地区。春季是中国沙尘暴多发季节，从统计数据来看，4月沙尘暴发生日数最多，占全年的22.7%；5月次之，占全年的16.8%；10月最少，仅占全年的1.8%。

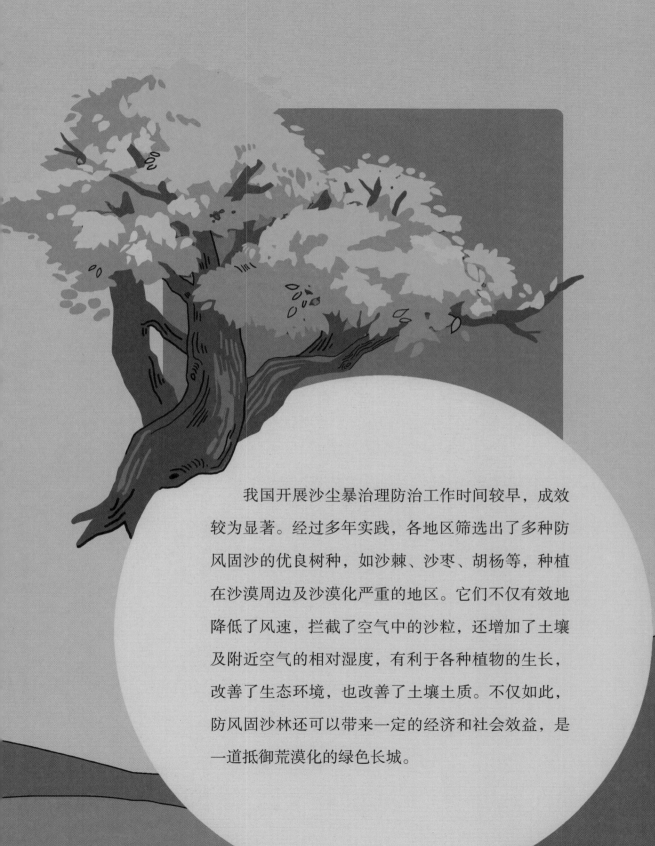

　　我国开展沙尘暴治理防治工作时间较早，成效较为显著。经过多年实践，各地区筛选出了多种防风固沙的优良树种，如沙棘、沙枣、胡杨等，种植在沙漠周边及沙漠化严重的地区。它们不仅有效地降低了风速，拦截了空气中的沙粒，还增加了土壤及附近空气的相对湿度，有利于各种植物的生长，改善了生态环境，也改善了土壤土质。不仅如此，防风固沙林还可以带来一定的经济和社会效益，是一道抵御荒漠化的绿色长城。

沙尘暴的危害与防护

沙尘暴的危害

沙尘暴可以带来强风、低能见度、空气污染和土壤风蚀等危害。

沙尘暴发生时，强风和低能见度易使人难以辨别方向，严重影响交通安全，会导致飞机无法正常起飞降落，汽车、火车受损或无法正常行驶。中国民航局就有规定，严禁将飞机放行至正处于沙尘暴天气或者一小时内预报有沙尘暴天气的机场。

沙尘暴也会危害我们的身体健康。发生沙尘暴时，大气中的可吸入颗粒物增加，会给人类健康带来严重影响。这些颗粒物不仅会刺激皮肤和眼睛，诱发结膜炎等疾病，还会附着于鼻腔、口腔和上呼吸道中，从而引发呼吸系统疾病，例如过敏性鼻炎、哮喘、气管炎、肺炎等，还可能造成心血管疾病。

沙尘暴还会使地表层土壤风蚀、沙漠化加剧，覆盖在植物叶面上厚厚的沙尘会影响正常的光合作用，造成作物减产。

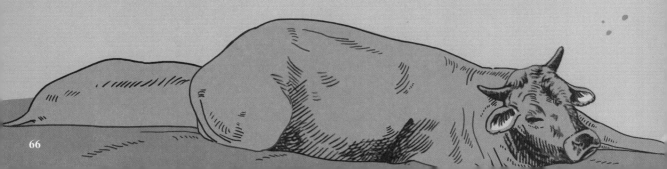

沙尘暴还会改变太阳辐射的反射率和吸收率等因素，天空如同撑起了一把遮阳伞，给当地气候带来影响。

沙尘暴作为地球生态系统中的一种自然现象，也能带来一些好处，例如地表尘土沉降物是大陆和海洋生态系统中微量营养物的来源，撒哈拉的尘土就被认为将亚马孙雨林变得更加肥沃；另外，科学家也发现，碱性的沙尘进入大气中可以与空气中的酸性物质中和，达到抑制酸雨的效果；在缺乏铁和磷元素的海域中，含铁和磷的尘土可以促进海洋浮游生物生长。

不过总体来看，沙尘暴还是给人类健康、大气环境以及诸多社会经济行业带来了更多的危害和负面影响。

沙尘暴的防范措施

沙尘暴来临时，天昏地暗，黄沙四起。发生沙尘暴天气时不宜出门，尤其是老人、儿童及患有呼吸道过敏性疾病的人。要及时关闭门窗，必要时可用胶条对门窗的缝隙进行密封。

如果我们不得不在沙尘暴天气中出门，戴口罩和防护眼镜可以起到一定的防护作用。出门还应特别注意交通安全。

沙尘暴天气开车的注意事项有哪些？

1.应减速慢行，密切关注路况，谨慎驾驶，避免发生交通事故

2.应紧闭车窗，关闭汽车空调的外循环系统，及时启动内循环系统，避免沙尘进入车内

3.可以打开示宽灯和雾灯，但不要使用远光灯

在野外，沙尘暴来势汹汹，如何躲避？应尽快就近蹲在背风沙的矮墙处，或趴在山丘的背风处，用手抓住牢固的物体。如果没有风镜和口罩，应当用衣物遮挡眼睛和口鼻，尽量避免沙尘吸入上呼吸道。不要在沟渠旁行走，以免被吹落水中。

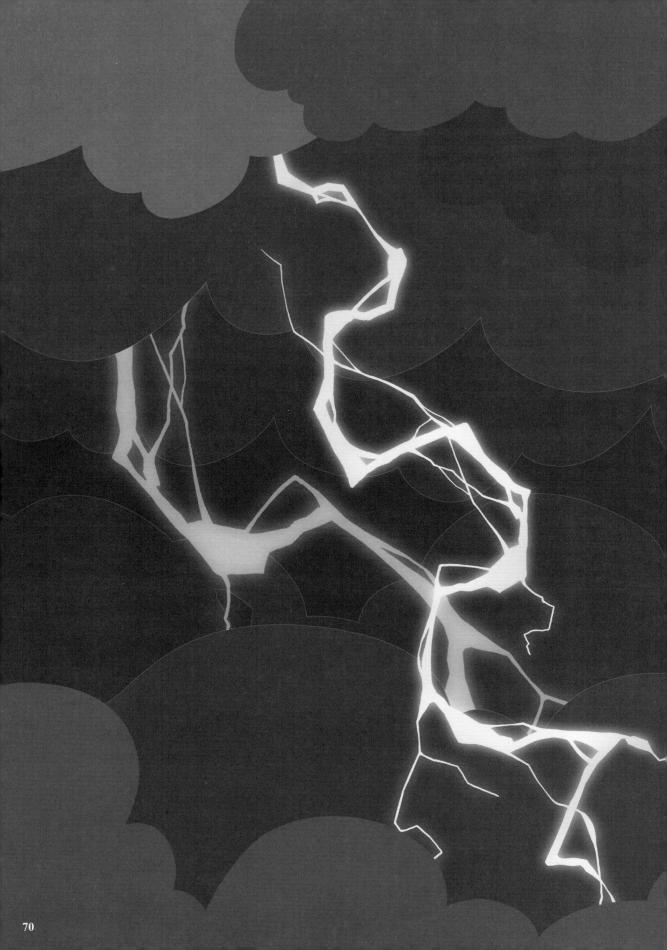

雷电：一种"爱情火花"

雷电如何爆发？

雷电是大气中发生的剧烈放电现象，发生时伴有闪电和雷鸣，看起来既雄伟壮观又令人生畏。你可以把它们想象成雷雨云之间或者雷雨云与大地之间产生的"爱情火花"。

雷雨云起电的机理有多种理论，其中一种较常见的理论是由于空气的对流活动带动了冰晶的碰撞，使云体产生了大量的电荷，一般云底带负电，云顶带正电，在感应起电原理的作用下，地面和靠近云底的其他雷雨云团也会聚集大量正电荷，不同雷雨云团之间，或者地面和雷雨云之间就形成了强大的电场。当云与云之间或者云与大地之间的电场足够强——强得足够把空气击穿时，放电现象就发生了。云底首先出现一段被强烈电离的气柱，被称为梯级先导。这段电离气柱逐级向地面延伸，在离地面5～50米左右时，地面便会突然向上回击，巨大的电流沿着梯级先导开辟出的电离通道向云底涌去，产生出一道明亮夺目的闪电。一道闪电的长度可能只有数千米，但最长可达数百千米。

闪电的温度
超过太阳表面
的温度

1亿－10亿伏特

V

0　　　　　　　MAX

平均
3万安培

闪电的温度为 17 000～28 000°C，大约是太阳表面温度的 3～5 倍。

闪电的电流很强，通常可达上万安培，电压也很高，可以达到上亿伏特。一个常见的中型闪电功率就可以达到上千万千瓦，甚至相当于三峡水电站所有机组全开时的发电功率。而一些超级闪电，其威力甚至是普通闪电的上百倍。

不过，闪电是一种瞬时放电过程，虽然其瞬时功率非常强，可以造成巨大的破坏力，但这种高功率的持续时间仅在微秒量级，看似惊人的数值，实际输送的能量却并没有想象中那么大，但超大电流和超高温度的冲击却会给电能收集设备带来巨大的考验。所以以目前的科技水平，试图捕获闪电的能量并将其存储下来进行利用的想法并不现实。

最大
30万安培

雷电日数

雷电日数——也叫作雷暴日数。只要在这一天内曾经发生过雷暴,听到过雷声,而不论雷暴延续了多长时间,都算作一个雷电日。"年雷电日数"等于全年雷电日数的总和。

非洲刚果盆地、东南亚地区和南美洲亚马孙河流域是雷电最"偏爱"的地区。主要原因是这些区域地表热量充足,空气对流较多,几乎一年到头都有雷雨。

我国的雷电高发区主要集中在云南南部、海南、广东大部、广西东南部以及西藏中部的部分地区,年均雷暴日数超 70 天。在 6—8 月,这些地区平均每月有超过三分之一的时间出现雷电。

海口、广州和拉萨是我国雷电光顾最频繁的三大省会城市。

与之相对的是,我国西北地区的省会城市,如乌鲁木齐、西安、银川、兰州等地则雷电稀少,乌鲁木齐年均雷暴日数甚至不足 5 天。

算一算闪电
离你有多远

340米/秒

　　闪电的极度高温使周围的空气在短时间内剧烈膨胀，挤推周围的空气并产生振动发出声音，这就是雷声。闪电距离近，听到的就是尖锐的爆裂声；如果距离远，听到的则是隆隆声。

　　声音在空气中的传播速度大约是340米/秒，而闪电的速度和光速一样，你在看见闪电之后开动秒表，听到雷声后把秒表按停，用显示的秒表数乘以340，就可以大概知道闪电离你有多远了。

　　这种计算方法的原理是，闪电和雷声实际上是同时产生的，所以闪电离我们的距离和雷声离我们的距离一样，只需要用雷声的速度乘以雷声经过这段距离所用的时间，就可以知道闪电和雷声离我们大概有多远了。

预防雷电袭击的正确方法

尖端放电与避雷针

尖端放电就是在强电场的作用下，物体的尖锐部分发生的一种放电现象。根据自然规律，一个物体表面各处的电荷密度与表面的曲率有关，曲率越大，也就是越尖锐的地方，电荷密度就越大，这附近的电场就更强，空气更容易被电离，也就意味着这里更容易发生放电现象。所以闪电经常击中尖的屋顶或旗杆等高处的物体。

避雷针就是利用尖端放电的原理，引导雷电向避雷针方向放电，再将电流导入地下，以保证建筑物、高大树木等物体免遭直接雷击。注意，接地很重要哦，要妥善地把巨大的电流引导至地下才行。

雷击易发生的部位

2 没有良好接地的金属屋顶

1 潮湿或空旷地区的建筑物、树木等

3 由于烟气的导电性，烟囱特别易遭雷击

4 缺少避雷设备或避雷设备不合格的高大建筑物、储罐等

5 建筑物上有无线电而又没有避雷针和没有良好接地的地方

雷电研究的先驱

现代避雷针是美国科学家富兰克林发明的。富兰克林认为闪电是一种放电现象。为了证明这一点，他在 1752 年 6 月的一个雷雨天，冒着被雷击的危险，将一个系着长长金属导线的风筝放飞进雷雨云中，在金属线末端拴了一串金属钥匙。雷电出现时，富兰克林试图触碰钥匙，立刻感受到手有麻木的感觉，同时钥匙上跳出一串火花。幸亏这次传下来的闪电比较弱，富兰克林没有受伤。

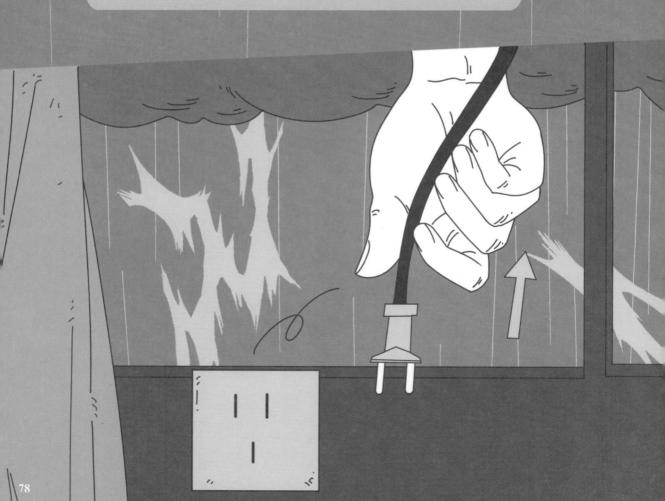

注意：这个实验是很危险的，千万不要擅自尝试！1753年，俄国著名电学家利赫曼为了验证富兰克林的实验，不幸被雷电击死，这是做雷电实验的第一个牺牲者。

雷雨天在家里应注意什么？

　　注意关闭门窗，室内人员应远离门窗、水管、煤气管等金属物体，不要在天台、阳台、栏杆处逗留。

　　关闭家用电器，拔掉电源插头，防止雷电从电源线侵入。

　　尽量避免在雷雨天洗澡，尤其是不能使用太阳能热水器洗澡。

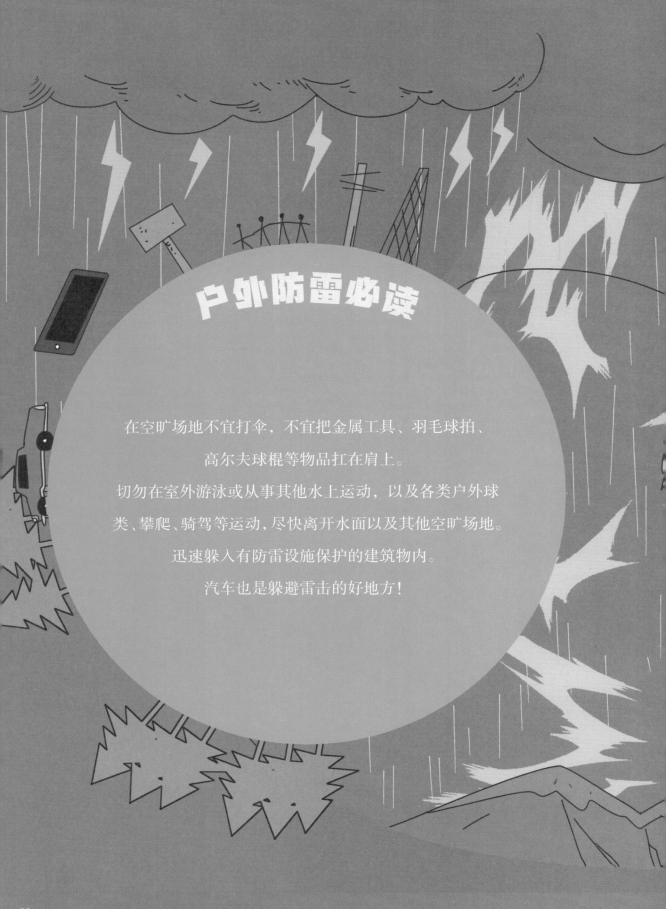

户外防雷必读

在空旷场地不宜打伞，不宜把金属工具、羽毛球拍、

高尔夫球棍等物品扛在肩上。

切勿在室外游泳或从事其他水上运动，以及各类户外球

类、攀爬、骑驾等运动，尽快离开水面以及其他空旷场地。

迅速躲入有防雷设施保护的建筑物内。

汽车也是躲避雷击的好地方！

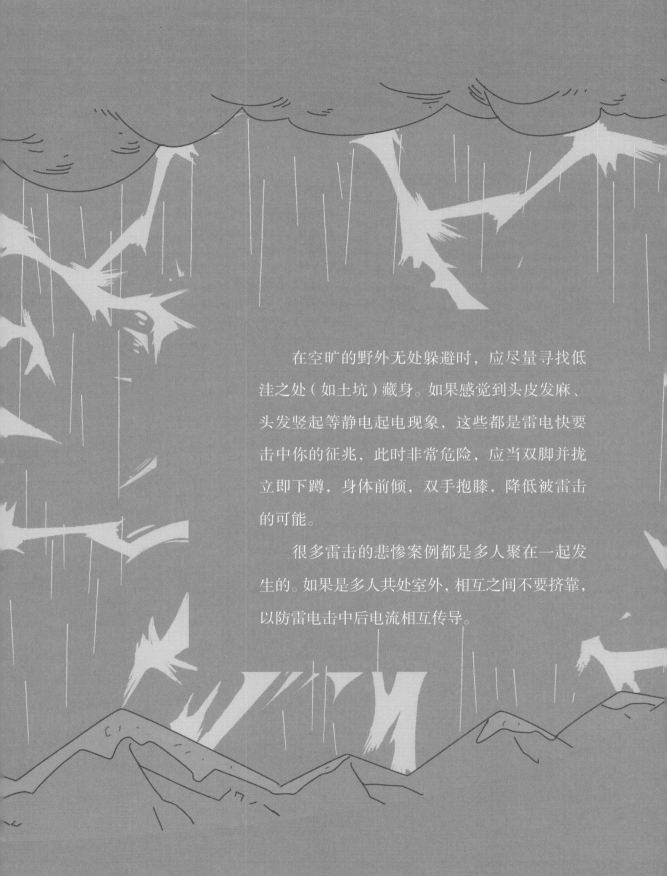

在空旷的野外无处躲避时，应尽量寻找低洼之处（如土坑）藏身。如果感觉到头皮发麻、头发竖起等静电起电现象，这些都是雷电快要击中你的征兆，此时非常危险，应当双脚并拢立即下蹲，身体前倾，双手抱膝，降低被雷击的可能。

很多雷击的悲惨案例都是多人聚在一起发生的。如果是多人共处室外，相互之间不要挤靠，以防雷电击中后电流相互传导。

降水的形成

降水时云里发生了什么?

降水时必有云,但有云未必有大气降水。组成云体的水滴、冰晶等体积很小,随着气流的运动会不断冲撞、合并、增大,当它们的体积增长到足够大,气流不足以支撑其自重时就从云中落了下来,这就形成了降水。

降水根据其不同的物理特征可分为液态降水和固态降水。液态降水有毛毛雨、雨、阵雨,固态降水有雪、雹、霰等,另外还有液态固态混合型降水,如雨夹雪等。

四种降雨成因

1 锋面雨:冷气团和暖气团相遇时,因为冷空气较重,暖空气较轻,暖气团会被抬升,此时冷暖气团的交界面被称为锋面。暖气团中的水汽遇冷凝结形成的降雨,就是锋面雨。

2 对流雨：当近地面层空气受热或高层空气强烈降温时，低层暖湿空气因上升运动被抬升至高空后遇冷凝结，形成降雨，且伴有雷电，这就是对流雨，常见于夏季。

3 地形雨：暖湿气流遇到山脉等高地阻挡时被迫抬升，遇冷凝结而形成的降雨，因为受到地形阻挡作用而得名地形雨，通常出现在山坡的迎风面。

4 台风雨：热带海洋上的风暴带来的降雨，在涡旋区附近有强烈的上升运动，使得大量的暖湿空气被抬升后遇冷凝结，形成降雨，这就是台风雨。

干冰

碘化银

人工增雨是怎么回事？

炎热的夏季，高温热浪让人难以忍受，地里的农作物也被晒得蔫头耷脑，但从天气预报来看没有下雨的迹象，这时候人们就会说："要是能人工降雨多好啊！"那么到底什么是人工降雨呢？

其实正确的说法应该是"人工增雨"，而非"人工降雨"，因为人工影响天气技术并不能在万里晴空或者是云层很薄时凭空制造降雨，而要在云层具备人工增雨作业条件时，利用高炮、火箭或飞机等人工干预手段，向云中输送或播撒碘化银、盐粉或干冰等催化剂，从而达到增加地面降水的目的，从而有效缓解农田干旱，增加城市淡水储备。

撒粉
血粉

我国的雨季

　　雨季，是指一年中降水相对集中的时期。季风气候是我国气候的主要特点，我国的降水主要是由西太平洋热带洋面的东南季风，和赤道附近印度洋上的西南季风共同带来的。因此我国的降水在地理空间上呈现"由东南沿海往西北内陆递减"的特征。

　　在我国，通常在 5 月中下旬南海季风爆发后，华南地区降水开始增加，进入华南前汛期；东亚夏季风开始逐渐进入鼎盛时期，雨带加强并向北推进；到了 6—7 月，季风雨带主要维持在长江流域，当地进入高温高湿的梅雨季；到了 7—8 月，雨带向北推进到华北和东北地区，华北和东北进入雨季；到了 8 月中下旬至 9 月中旬前后，随着冷空气开始南下，夏季风开始减弱南撤，冷暖气流通常会在华西地区交汇，在当地形成降雨；到了 9 月末至 10 月初，夏季风基本撤出中国东部地区。

内陆

降水量

东南季风

东南季风

东南季风

沿海

中国年降水量分布

　　把一个地方多年的年降水量平均起来，就称为这个地方的"平均年降水量"。中国各地年降水量分布由东南向西北递减，雨热同季，降水变率较大。

　　中国年降水量的分布与夏季风的关系最为密切。400毫米年等降水线在大兴安岭—张家口—兰州—拉萨—喜马拉雅山东南端一线，大致与夏季风影响范围相当。800毫米年等降水线在淮河—秦岭—青藏高原东南边缘一线。

制作一个好用的雨量器

降水量

承雨器

漏斗

雨量筒

储水瓶

降水量是指某一时段内未经蒸发、渗透、流失的降水，在水平面上累积的深度。记录取 1 位小数，以毫米计算。

降水量一般用雨量筒测定。气象学中常见年、月、旬、日、12 小时、6 小时、1 小时甚至分钟级的降水量统计。将一段时间内从空中落到地面的液态降水，和经融化后的固态降水（未经蒸发、渗透和流失）一起进行测量，就得到了对应时段的降水量数值。

单位时间的降水量被称为"降水强度"，常用毫米/小时或毫米/分为单位。单位时间的雨量被称为"雨强"。

如何制作一个好用的简易雨量器

小朋友们完全可以自制一个雨量器，效果也相当不错。

材料：1个大可乐瓶，1把尺子，1张长方形的纸条，

1卷透明胶带，1支笔，1把剪刀。

小约定：使用剪刀时，要注意保护好自己，不要伤到手哦！

步骤一：

用剪刀从可乐瓶的中部靠上剪去顶部（这一步骤要在家长指导下进行）。

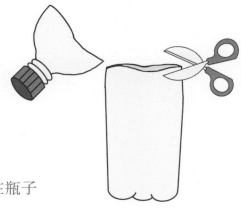

步骤二：

把剪下来的顶部倒扣在瓶子中，形成一个漏斗，用胶带将漏斗和瓶身固定好，盛水器口应保持水平。

步骤三：

在瓶子中倒入一些水，保持水面高于底部凸起。

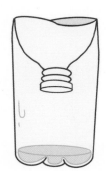

步骤四：

在长方形的纸条上画出刻度（单位为毫米），用胶带将画好的刻度尺整个固定在瓶身上，以便防水。（注意"0"的刻度要与瓶底的水面对齐）

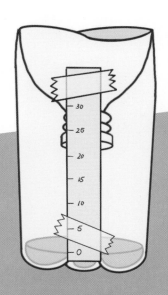

一个好用的雨量器就做好啦！

降雨等级划分

小雨

雨点清晰可见，无漂浮现象；下地不四溅；洼地积水很慢；屋上雨声微弱，屋檐只有滴水；12 小时内降水量为 0.1～4.9 毫米或 24 小时内降水量为 0.1～9.9 毫米。

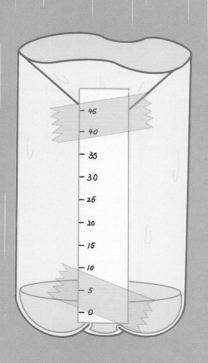

中雨

雨落如线，雨滴不易分辨；落硬地四溅；洼地积水较快；屋顶有"沙沙"的雨声；

12 小时内降水量 为 5～14.9 毫米或 24 小时内降水量为 10～24.9 毫米。

24:00

暴雨

12 小时内降水量超过 30 毫米，或 24 小时内降水量超过 50 毫米的降水过程统称为暴雨。

大雨

雨降如倾盆，模糊成片；洼地积水极快；屋顶有哗哗雨声；12 小时内降水量为 15～29.9 毫米或 24 小时内降水量为 25～49.9 毫米。

暴雨的分类

根据暴雨的强度可分为：暴雨、大暴雨、特大暴雨三种。

暴雨

12 小时内降水量为 30～69.9 毫米或 24 小时内降水量为 50～99.9 毫米。

大暴雨

12 小时内降水量为 70～139.9 毫米或 24 小时内降水量为 100～249.9 毫米。

特大暴雨

12小时内降水量大于等于 140 毫米或24小时内降水量大于等于 250 毫米。

暴雨预警信号分四级，分别以蓝色、黄色、橙色、红色表示。蓝色预警信号最温和，红色预警信号最危险。当暴雨红色预警信号发出时，相关部门要按照职责做好暴雨应急和抢险工作；各部门要做好山洪、滑坡、泥石流等灾害的防御和抢险工作。

在暴雨洪涝中保护自己

当城市发生内涝时

    可在家门口放置挡水板、堆置沙袋或堆砌土坎，居住在危旧房屋或在低洼地势处的人员应及时转移到安全地方。

    室外积水漫入室内时，应立即切断电源，防止积水带电伤人。

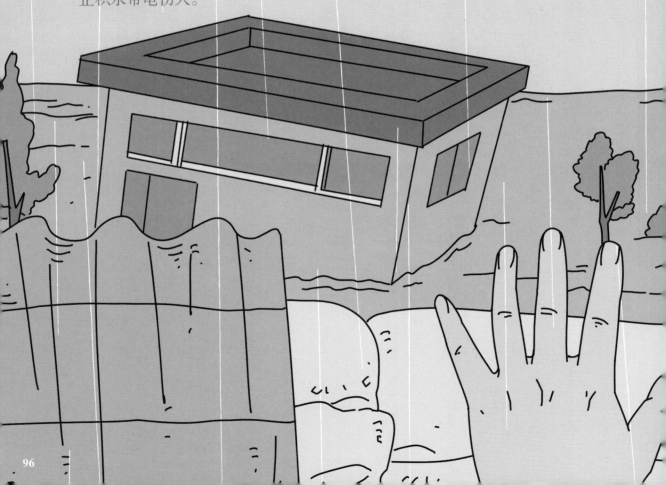

在户外积水中行走时，要注意观察，贴近建筑物行走，可以用竹竿或登山杖探路行走，不要靠近有漩涡的地方，防止跌入窨井、地坑等。

不可攀爬带电的电线杆、铁塔，也不要爬到泥坯房的屋顶。发现高压线铁塔倾斜或者电线断头下垂时，一定要迅速远避，防止触电。

驾驶员遇到路面或立交桥下积水过深时，应尽量绕行，切忌强行通过。汽车在低洼处熄火时，千万不要在车上等候，应下车到高处等待救援。

当住宅遭受洪水淹没或围困时，应迅速向屋顶转移，并想办法发出求救信号。如洪水继续上涨，暂避的地方已难自保，则要充分利用准备好的救生器材逃生，或者迅速找一些门板、桌椅、木床、大块的泡沫塑料等能漂浮的材料扎成筏逃生。

在野外遭遇洪水时

　　受到洪水威胁，一定要沉着冷静，根据平时掌握的地质情况迅速判断周边环境，尽快向安全的高地转移。

　　同时要注意观察水情警示牌，防止误入深水区或掉进排水口。

　　在山区，如果连降大雨，容易暴发山洪。遇到这种情况，应该注意避免渡河，以防止被山洪冲走，还要注意防止山体滑坡、滚石、泥石流的伤害。

　　如果已被洪水包围，要设法尽快与当地政府防汛部门取得联系，报告自己的方位和险情，积极寻求救援。

　　如已被卷入洪水中，一定要尽可能地抓住固定的或能漂浮的东西，寻找机会逃生。

山体滑坡、崩塌、泥石流的发生前兆及避险

山体滑坡发生前兆及避险

当滑坡将要发生时，滑坡前缘土地突然强烈上胀鼓裂、局部滑塌或规律性裂缝。地下水沿挤压裂缝溢出形成湿地，泉水剧增、变浑浊。

滑坡地表池塘、水田突然下降或干涸。滑坡后缘突然出现明显弧形裂缝。

不要进入或通过有警示标志的滑坡危险区。处于滑坡体前缘，或在滑坡体上部感受到地面有异动时，迅速向山坡两侧逃生。如处于滑坡体中部无法逃离时，应找寻坡度较缓的开阔地停留，不要靠近房屋、围墙、电线杆等。

崩塌发生前兆及避险

　　当崩塌发生时，陡山有岩石掉块。陡山根部出现新裂痕，有异常气味，有撕裂摩擦错碎声。地下水水质、水量异常。

　　连续降水后不要在山谷陡崖下停留。处于崩塌底部时，应迅速向两侧逃生。处于崩塌体顶部时，应迅速向崩塌体后方或两侧逃生。

泥石流发生前兆及避险

　　连续降水后，河沟谷中易形成洪水。泥石流将发生时，会突然出现河水断流或洪水增大的现象。河谷深处变昏暗并有异常轰鸣声，或感受到地表轻微震动。

　　这时应迅速转移到安全高地，不要在低洼的谷底或陡峻的山坡下停留。向与泥石流方向垂直的两侧山坡上面逃生。

雪

美妙的六角形雪花是如何形成的?

下雪啦,雪花一片片地轻盈落下,雪花的形状千姿百态,几乎各不相同,而且十分美丽。如果把雪花放在放大镜下,可以发现每片雪花都是一幅极其精美的图案,连许多艺术家都赞叹不止。雪花的形状是怎样形成的呢?

雪花大都是六角形的,这是因为雪花属于六方晶系。当空气中的水汽附着在花粉、灰尘等凝结核上,冷却到冰点以下时,就会凝华形成冰晶,然后更多的水分子就会依附到冰晶上,并在六个方向上不断延展从而形成了六边形。

组成雪花的冰晶是对称的,它们在空间形成六边形雪花的过程反映了水分子的内部结构。

降雪量

降雪量指的是用标准容器将采集到的雪融化成水后进行测量得到的数值，以毫米为单位，用雨量筒来测定。以 12 小时或 24 小时降雪量为划分标准，可以划分为小雪、小到中雪、中雪、中到大雪、大雪、大到暴雪、暴雪。

如果降雪量远大于 10 毫米，增加大暴雪和特大暴雪等级。

大暴雪：

12 小时降雪量达到 10.0～14.9 毫米，或 24 小时降雪量达到 20.0～29.9 毫米。

特大暴雪：

12 小时内降雪量达到 15 毫米及以上，或 24 小时降雪量达到 30 毫米及以上。

降雪量名称	12 小时降雪量 / 毫米	24 小时降雪量 / 毫米
零星小雪	＜ 0.1	＜ 0.1
小雪	0.1～0.9	0.1～2.4
小到中雪	0.5～1.9	1.3～3.7
中雪	1.0～2.9	2.5～4.9
中到大雪	2.0～4.4	3.8～7.4
大雪	3.0～5.9	5.0～9.9
大到暴雪	4.5～7.4	7.5～14.9
暴雪	≥ 6.0	≥ 10.0

积雪深度

　　走在厚厚的积雪上，我们常有"深一脚，浅一脚"的感觉，这种"深一脚，浅一脚"在专业上用"积雪深度"来衡量。"积雪深度"是指从积雪表面垂直向下到地面的实际积雪厚度，以厘米为单位。积雪深度是通过测量气象观测场上未融化的积雪得到的，取的是从积雪面到地面的垂直深度，以厘米为单位。降雪量与积雪深度的关系全国平均情况是：1 毫米的降雪量约产生 0.75 厘米的积雪深度。这个比例并不固定，而是随着雪的干湿程度变化的。如果雪花松软、湿度小，就容易形成较厚的积雪。

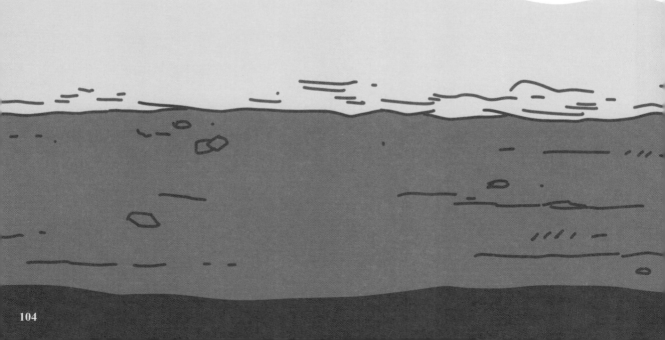

干雪与湿雪：
下雪天用不用打伞？

雪根据含水程度的不同分为干雪和湿雪。干雪几乎不含水，基本由冰组成，用手难以捏成团，容易形成厚厚的积雪，被风一吹便随风飞扬。天气越冷，雪花越小，这种现象也就越明显。

而湿雪含有许多水分，在雪层中可以明显看出有液态水的存在，容易附着在物体表面冻结成冰。简单来讲，那些稍有风就会被吹走，掉在衣服上"一抖即落"，也不容易留下湿痕的雪，就是"干雪"，反之就是"湿雪"。

干雪

微小的雪花晶体，呈细粉末状

几乎不含水

形成气温低于 0°C

多出现在北方

容易形成厚厚的积雪，非常零散，
稍有风就会被吹走，没有黏性，落在屋顶和衣服上不留湿痕

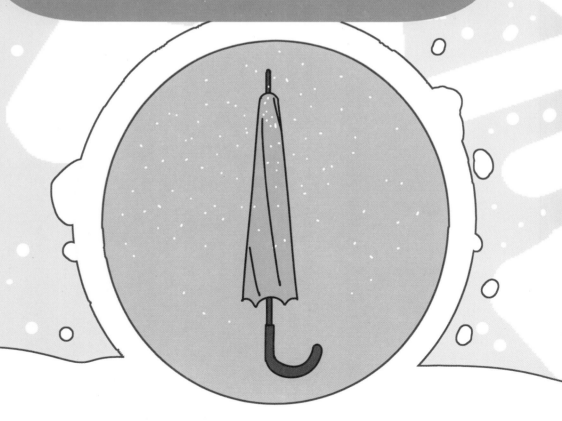

如果下的是"干雪"就不需要打伞。

湿雪

几片雪花粘连在一起，形成大雪片

含有许多水分

形成气温一般略高于 0°C

多出现在南方和北方的初冬时节

容易附着在物体表面，冻结成冰，不容易被风吹走，
有黏性，在地面和衣服上都留有湿痕

如果下的是"湿雪"，出门就需要打伞啦！

荒野求生：
如何挖一个雪洞避寒？

　　在电视节目《荒野求生》中，贝尔曾在加拿大暴风雪天气中挖雪洞求生。2021年1月，在加拿大不列颠哥伦比亚，一名17岁少年骑乘雪地车时在野外迷路，他在雪地中挖了一个雪洞，待在里面成功等到救援，堪称自救典范。

雪洞的选址与结构

　　雪洞一定要在迎风坡挖掘，否则很容易引发雪崩导致雪洞被掩埋，雪也要有足够的厚度才能保证挖掘的成功。雪洞里睡起来甚至比帐篷更温暖舒适。

雪洞的挖掘步骤

STEP2

　　从雪洞入口朝上挖主室。不要向下挖。里面的队员将挖的雪堆到入口。外面的队员负责将这些雪清理出去。直到里面的空间能容纳下所有队友和装备。至少保证人在里面能蹲着。那样的雪洞会舒适些。注意，外壁需要保证厚度在 30 厘米以上。

STEP1

挖一个一个人能爬着通过的入口。正对坡面挖掘 1 米左右。入口要挖得比主室低一些。这样能防止风吹进去。

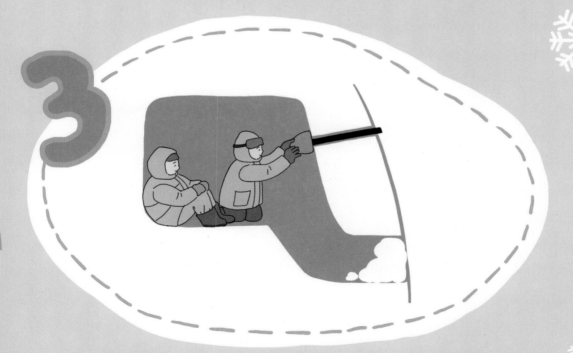

STEP3

雪洞挖好后做一个通风孔。等所有的队员进来后将洞口堵上。可以用登山包堵也可以用雪堵，这样可以防止风吹进来。

降水家族里的另类插班生：冰雹

冰雹有多大？

冰雹，是一种从强烈发展的积雨云中降落下来的固态降水，夏季或春夏之交最为常见，冰雹出现时，常常伴有大风、剧烈的降温和强雷电现象。

冰雹小的如绿豆、黄豆，大的似栗子，甚至鸡蛋。直径一般为 5～50 毫米，最大的可达 10 厘米以上，形状也不规则，大多数呈椭球形或球形，但锥形、扁圆形的冰雹也曾出现过。

<-20℃

积雨云如何
产生冰雹?

只有发展特别旺盛的积雨云才可能降冰雹。积雨云是冰雹的"加工厂",它是由水滴、冰晶和雪花组成的。一般为三层:最下面一层温度在 0 ℃以上,由水滴组成;中间温度为 -20 ~ 0 ℃,由过冷却水滴、冰晶和雪花组成;最上面一层温度在 -20℃以下,基本上由冰晶和雪花组成。

-20 ~ 0℃

在云层内对流运动较强时,下部的水滴在上升过程中很快变冷形成小冰晶。小冰晶在下降过程中,与过冷却水滴碰撞后形成雹胚。雹胚继续在云层中几上几下、翻滚凝聚,就像滚元宵一样,和过冷却水滴不断碰撞并增长,"体型"越来越大,当超过上升气流所能承受的质量时,冰雹便下坠至地面。因此,上升气流越强大,最后形成的冰雹"块头"也就越大。

0℃

飞机如何
躲避冰雹？

　　一旦飞机进入冰雹区域，飞行安全就存在巨大威胁，冰雹可能造成飞机重要的动力系统和操纵系统损伤，严重的可能造成所有发动机停机，飞机失去控制，酿成灾难。

　　飞机上搭载的气象雷达目前只能探测到与"水汽"相关的天气现象，比如大雨、湿雪、厚云等，是探测不出冰雹这种天气现象的，飞行员只能根据其他现象来推测和绕飞避让。

冻雨

你有没有遇上过这样的现象：没有下雪，地上却结了冰？这原来是冻雨在"搞鬼"。冻雨是由过冷却水滴组成的，在与低于0℃的物体碰撞后立即冻结的降水。

冻雨的过冷却水滴温度低于0℃，它们本该凝结成冰粒或雪花，然而由于找不到冻结时必需的冻结核，就会以液态水的形式降落，然后在碰撞到低于0℃的物体后便会立即结冰。冻雨发生时，电线杆、植被、车辆及道路表面都会冻结上一层晶莹透亮的薄冰。

2000~4000 米暖层
温度 > 0℃

形成冻雨的大气结构

形成冻雨，要使过冷却水滴顺利地降落到地面，这需要一种类似于"三明治"的大气结构：近地面2000米左右的空气层温度稍低于0℃；2000～4000米的空气层温度高于0℃，比较暖一点；再往上一层又低于0℃。

2000 米
温度 < 0℃

这样的大气层结构，使得上层云中的水汽冷却成为水滴、冰晶和雪花，掉进比较暖一点的气层，都变成液态水滴。水滴继续下降，又进入不算厚的冻结层，在这里因为缺乏冻结核，最终只能以过冷却水滴的形式落在地面。

"冻雨之乡"是哪里？

我国出现冻雨较多的地区是贵州省，其次是湖南、江西、湖北、河南、安徽、江苏，以及山东、河北、陕西、甘肃、辽宁南部等地；新疆北部和天山地区、内蒙古中部和大兴安岭地区东部也会有冻雨出现。

贵州是全国出现冻雨最多的省份，从每年12月至次年2月是最容易出现冻雨的时间。贵州省的威宁县被称为"冻雨之乡"，威宁的常年冻雨日数可达41.6天。其中1月份最多，平均16.8天，常年12月平均有10.1天。

冻雨的危害及防护

冻雨是一种灾害性天气，它所造成的危害是不可忽视的。电线结冰后，遇冷收缩，加上冻雨质量的影响，就会绷断。有时，成排的电线杆被拉倒，使通信和输电中断。公路交通因地面结冰而受阻，交通事故也因此增多。农田结冰，会冻死返青的冬麦，或冻死早春播种的作物幼苗。另外，冻雨还能大面积地破坏幼林、冻伤果树等。

消除冻雨灾害的方法，主要是在冻雨出现时，及时清理电线、铁塔上附着的积冰，机场应当及时清理跑道和飞机上的积冰，飞行中的飞机应当及时使用除冰设备去除冰层，并在条件允许时绕开冻雨区域。

对公路上的积冰，应及时撒盐融冰，并组织人力清扫路面。如果发生事故，应当在事发现场设置明显标志。司机朋友在冻雨天气里要减速慢行，不要超车、加速、急转弯或者紧急制动，应及时安装轮胎防滑链。

在冻雨天气里，人们应尽量减少外出，如果外出，要采取防寒保暖和防滑措施，行人要注意远离或避让机动车和非机动车辆。

霰

霰（xiàn）又称雪丸或软雹，是由白色不透明的近似球状（有时呈圆锥形）的、有雪状结构的冰相粒子组成的固态降水，直径2～5毫米，着硬地常反跳，松脆易碎。霰是在高空中的水蒸气遇到冷空气凝结后形成的，多在下雪前或下雪时出现。

霰

小小、白白、圆圆
一跳一跳的

冰粒

小小、透明、圆圆
一蹦一跳的

冰雹

大大、半透明、白白
劈里啪啦的

雾

雾是靠近地面的云

有时候，早上一觉醒来，会发现窗外白茫茫一片，像坠入云中，但我们知道，这是起雾了！雾像云，但和云又不一样，它究竟是怎么形成的呢？

当空气容纳的水汽达到最大限度时，就达到了饱和状态。而空气的温度越低，空气中所能容纳的水汽也越少。

如果空气中所含的水汽多于该温度下的饱和水汽量，多余的水汽就会凝结出来，并与空气中的凝结核形成小水滴，悬浮在近地面的空气层中。这种因为悬浮的水汽凝结而导致能见度低于1千米的天气现象，就叫作雾。

形成雾的 4 个条件

气温降低

存在静稳天气

有凝结核

水汽充足

几种常见的雾

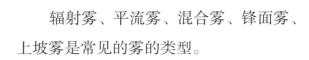

辐射雾、平流雾、混合雾、锋面雾、上坡雾是常见的雾的类型。

辐射雾

我国陆地上最常见的雾，是空气因辐射冷却达到过饱和而形成的，主要发生在晴朗、微风、水汽比较充沛，且低层大气比较稳定或有逆温层存在的夜间或早晨。

平流雾

当温暖潮湿的空气流经冷的地面或水面时，因冷却达到饱和而凝结成的雾叫作"平流雾"。在我国沿海地区，当海洋上的暖湿空气向较冷的海面或地面移动时，常常形成平流雾。平流雾一旦形成，往往会持续较长时间。

混合雾

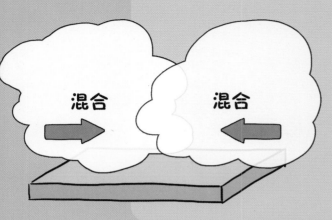

两个接近饱和的气团在水平方向相互混合达到饱和发生凝结而形成的雾被称为混合雾，有时也指兼由两种原因形成的雾。

锋面雾

经常发生在冷、暖空气交界的锋面附近，以暖锋附近居多。锋前雾是由于锋面上面暖空气云层中的雨滴落入地面冷空气内，经蒸发使空气达到过饱和凝结而成；而锋后雾，则由暖湿空气移至原来被暖锋前冷空气占据过的地区，经冷却达到过饱和而形成的。

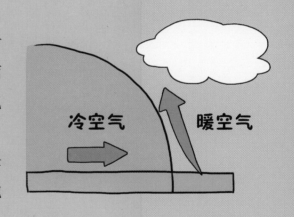

上坡雾

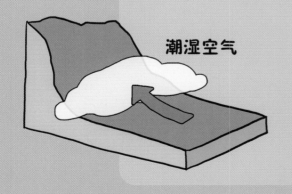

空气沿山坡上升，由于绝热膨胀冷却而形成的雾。上坡雾形成时，气层必须是对流性稳定层，上坡雾多出现在迎风坡上。

雾的能见度

　　能见度的定义是视力正常的人，在当时的天气条件下，能够从天空背景中看到和辨认的目标物的最大水平距离，这是反映大气透明状况的一个指标。

按水平能见度大小，雾的强度可以划分为 5 个等级：

1 水平能见度在 1000（含 1000 米）～ 10000 米之间的雾被称为轻雾。

2 水平能见度在 500（含 500 米）～ 1000 米之间的雾被称为大雾。

3 水平能见度在 200（含 200 米）～ 500 米之间的雾被称为浓雾。

4 水平能见度在 50（含 50 米）～ 200 米之间的雾被称为强浓雾。

5 水平能见度不足 50 米的雾被称为特强浓雾。

雾对交通安全的影响

　　由于雾会使能见度降低，对公路、航运、海运交通影响比较大。特别是对高速公路、飞机起降的影响最大。大雾天气常常导致许多地方高速公路封闭和机场航班延误。

　　在雾天低能见度的情况下，若车速太快就容易发生事故。据统计，雾天发生交通事故的概率比正常天气高出几倍，甚至几十倍，因浓雾、团雾造成多车连续追尾事故屡有发生，损失严重。

可怕的团雾

团雾本质上也是雾，是受局部地区微气候环境的影响，在大雾中数十米到上百米的局部范围内，出现的更"浓"、能见度更低的雾。团雾外视线良好，团雾内一片朦胧。

团雾具有突发性、局地性、能见度低的特征，预测预报难。尤其是在高速公路上，团雾会导致能见度的突然变化，对高速公路交通安全极具危害性，容易酿成重大交通事故。

高速公路上遇到团雾怎么办？

　　如果是在行驶中观察到前方视线受阻，有"团雾"发生，在距离和车速满足变道条件，确保安全的前提下，应减速驶入最右侧车道，然后就近选择道路出口缓慢驶出或进入附近服务区暂避，等待团雾消散。

　　车辆一旦进入团雾区域，应立即减速，打开所有车灯（远光灯除外），可通过路面标线及前车尾灯引导视线。特别是进入能见度很低的团雾区域时，切记不能就地停车，因为就地停车最危险，最易引发连环追尾事故。

　　如果不能驶离高速公路，应选择紧急停车带或路肩（路肩是指位于车行道边缘至路基边缘具有一定宽度的带状部分）停车，按规定开启危险报警闪光灯和放置停车警告装置，并将车上人员转移至安全地带，待能见度好转时再继续行驶。

雾霾天气的防护

雾与霾的区别

雾

常为乳白色；

大量微小水滴浮游于空中；水平能见度 <1 千米；

相对湿度接近 100%；出现在日出前、锋面过境前后。

霾

远处光亮物体微带黄色、红色，
黑暗物体微带蓝色；

大量极细微尘粒，均匀浮游于空中，
使空气普遍浑浊；

水平能见度 <10 千米；

气团稳定、较干燥；

没有明显日变化特征，气团
较稳定时持续时间较长。

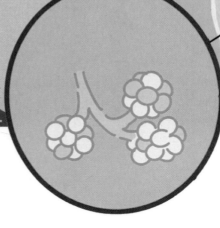

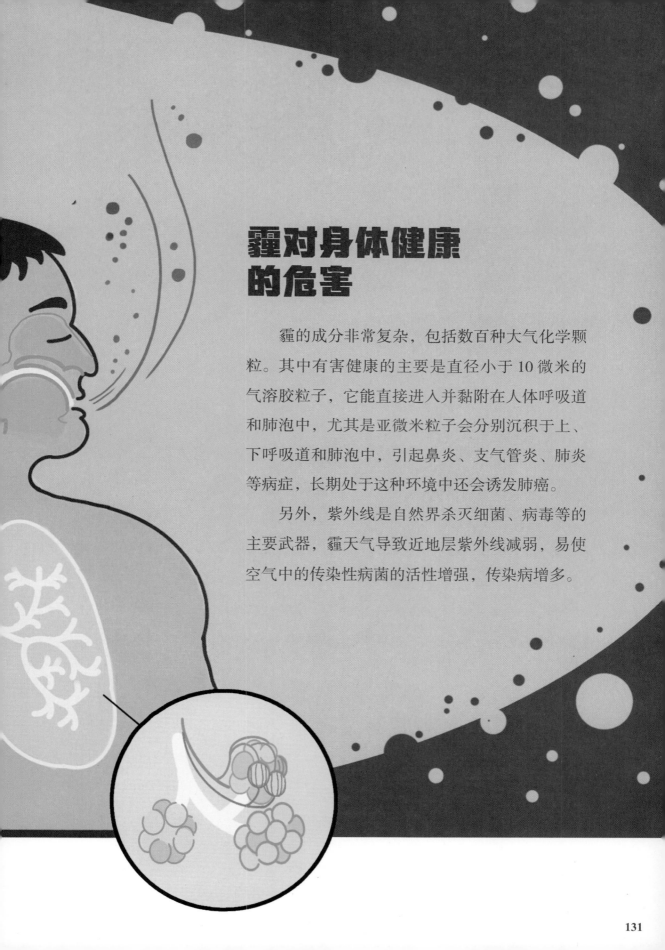

霾对身体健康
的危害

霾的成分非常复杂，包括数百种大气化学颗粒。其中有害健康的主要是直径小于 10 微米的气溶胶粒子，它能直接进入并黏附在人体呼吸道和肺泡中，尤其是亚微米粒子会分别沉积于上、下呼吸道和肺泡中，引起鼻炎、支气管炎、肺炎等病症，长期处于这种环境中还会诱发肺癌。

另外，紫外线是自然界杀灭细菌、病毒等的主要武器，霾天气导致近地层紫外线减弱，易使空气中的传染性病菌的活性增强，传染病增多。

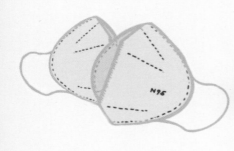

应对"健康杀手"

　　霾对身体健康的伤害很大，是"健康杀手"，采取有效的个体防护措施可降低霾对身体健康的危害。

　　（一）室外活动戴口罩可减少吸入霾细颗粒。霾天气时，室外活动佩戴过滤效率高、带有呼吸阀的防护口罩，是有效减少吸入霾细颗粒的个体防护方式。

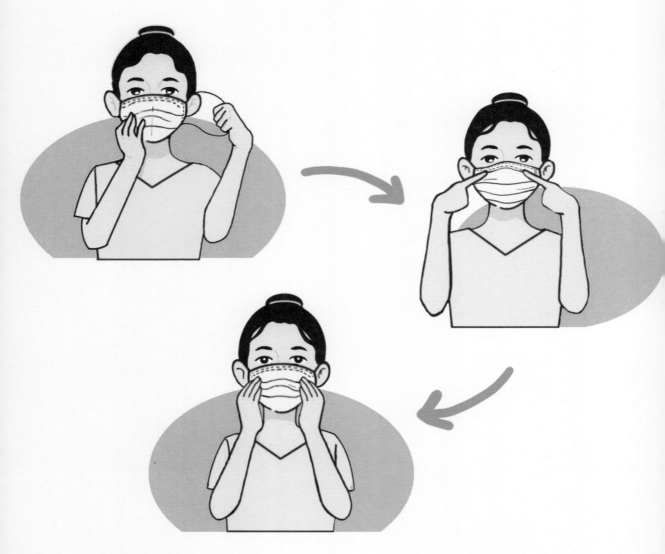

（二）室内开启净化器可降低 PM2.5 污染。霾天气时，关闭门窗并在室内开启空气净化器一段时间后，室内密闭空间的空气 PM2.5 浓度会显著降低。

（三）重点人群需加强健康防护。儿童、老人、孕妇及心肺疾病患者等在霾天气下需要加强自身防护。室外作业人员在霾天气下也需要重点关注健康防护。

寒潮

　　有时，天气预报会告诉我们"寒潮"要来了，这时我们就知道，气温会大幅降低，应该添衣保暖。寒潮是极地或寒带的冷空气大规模地向中、低纬度侵袭的活动。寒潮可引起大范围强降温，常伴有大风、雨雪天气，严重时可导致霜冻、冰冻等多种自然灾害。

不是所有冷空气
都是寒潮

　　冷空气侵入后，使当地日最低气温于 24 小时内下降至少 8℃，或 48 小时内下降至少 10℃，或 72 小时内下降至少 12℃，且使该地日最低气温下降到 4℃ 或以下的冷空气，被称为寒潮。

寒潮的形成过程

　　中国位于欧亚大陆的东南部。从中国一路向北，我们先经过的是蒙古国，然后是俄罗斯的西伯利亚，最后是北极，气温一路降低。影响中国的寒潮就是在北极地区、西伯利亚和蒙古高原一带生成的。

　　由于北极和西伯利亚一带的气温很低，大气的密度大大增加，空气不断收缩下沉，使气压增高，这样，便形成了一个势力强大、深厚宽广的冷高压。

　　当这个冷性高压系统的势力增强到一定程度时，就会像决了堤的海潮一样，一泻千里，汹涌澎湃地向中国袭来，给中国带来强降温，冷空气经过的地区会相继出现降温、大风、雨雪或冰冻天气。

寒潮路径

　　寒潮的移动速度为每小时几十千米。影响中国的寒潮大致有三条路径：

　　一条是西路。这是影响中国时间最早、次数最多的一条路线。强冷空气自北极出发，经西伯利亚西部南下，进入中国新疆，然后沿河西走廊，向东南方向推进。

　　第二条是中路。强冷空气从西伯利亚的贝加尔湖和蒙古国一带，经河套附近南下，向长江中下游方向移动。

　　第三条是东路。冷空气从西伯利亚东北部经蒙古国进入我国华北北部，冷空气主力继续东移至东北地区，同时低空的部分冷空气会折向西南，沿华北地区和黄河下游向南移动。

寒潮的影响

农业

寒潮天气对农业的影响表现为可使农作物发生冻害，造成严重减产。

电力

寒潮易造成供电线积雪结冰，使线路受损断裂，导致输电、通信中断。

交通

寒潮可造成低能见度、地面结冰和路面积雪等现象，给公路、铁路交通安全带来较大的威胁。

人体健康

大风降温天气易引发感冒、冠心病、中风、哮喘、心肌梗死等疾病，有时还会使患者的病情加重。

寒潮也有好处

有助于地球表面热量交换
保持生态平衡

带来丰沛的雨雪，缓解冬季旱情
寒潮来袭时，
低温天气可减轻次年的农作物病害

寒潮还可带来风能资源
可用于风能发电

寒潮的应对

注意关注寒潮信息或预警，
做好防风防寒准备；
及时添加衣物，做好手和脸部的保暖措施；
出行注意路况，当心路滑跌倒；
老弱病人，特别是对气温变化
敏感的人群尽量不要外出；
使用煤炉取暖的家庭应提防煤气中毒。

失温

失温不只
发生在冬季

　　失温是指人体热量流失大于热量补给，从而造成人体核心区温度降低，并产生一系列寒颤、迷茫、心肺功能衰竭等症状，甚至最终造成死亡的病症。

　　温度、湿度和风力影响均是导致失温的最常见的直接原因。寒潮爆发时，若保暖工作做得不到位，户外作业人员易发生失温。但要注意的是，失温一年四季均会发生，包括夏季也有可能会发生失温现象。

　　2021 年 5 月 22 日，甘肃省白银市山地马拉松比赛途中，突发极端天气，局地出现冰雹、冻雨、大风，气温骤降，参赛人员出现身体不适、失温等情况，造成 21 人遇难。

失温有哪些症状?

轻度失温（体温 35～37℃）

感到寒冷，浑身颤抖但可控，手脚僵硬和麻木。

中度失温（体温 33～35℃）

感到强烈的寒意，浑身剧烈颤抖并且无法抑制，走路可能磕磕绊绊，说话变含糊。

重度失温（体温 30～33℃）

意识模糊，冷感迟钝，身体间歇性颤抖直至不抖，站立和行走困难，丧失语言能力。

死亡阶段（体温 30℃以下）

处于死亡边缘，全身肌肉僵硬，脉搏和呼吸微弱，难以察觉，丧失意识以至昏迷。

如何预防失温？

1 注意内衣的选择。户外出行的人注意力大多集中在防雨防雪上，只顾保暖，而忽略了大量出汗引起的失温风险。要选择快干排汗的内衣，切忌棉质内衣，因为棉织品很吸汗，不容易干燥，湿冷的衣物紧贴皮肤从而易引起失温。

2 注意衣物的增减。在高寒地区徒步出发前应将保暖衣物放在随身携带的包里，出发时穿着轻薄快干的 T 恤或加一件透气好的外套。每到一个休息点就立马取出保暖衣物穿上，避免着凉和失温。

3 注意保暖防护。如果遇上寒冷天气出行，应做好相应的防风防护措施，不要暴露在寒风中。保暖的帽子、手套、围脖、防风衣、厚袜子、防风面罩等都是大风寒冷天气出行的必备物品。

4 及时补充体能。不要让自己体能透支，防止脱水，避免过度出汗和疲劳。备好食物和热饮，随时补充身体热量。

体感温度

夏天，我们常常说"热"；冬天又会觉得"冷"，这里的"热""冷"用气象学术语来描述叫作"体感温度"。体感温度是指人体所感受到的冷暖程度，会受到气温、风速、相对湿度和太阳辐射的综合影响。

在寒冷天气里，空气越潮湿，导热率越大，人体越容易散失热量，就越会感觉到冷；而当气温超过 25℃，人体就需要向外散热，但是在湿度大的情况下，就会抑制人体汗液蒸发带走热量这条途径，从而让人感觉更闷热；风速越大，人体散失的热量越快、越多，人也就越来越感到寒冷，这是一种因风引起的使体感温度较实际气温低的现象，叫作风寒效应。

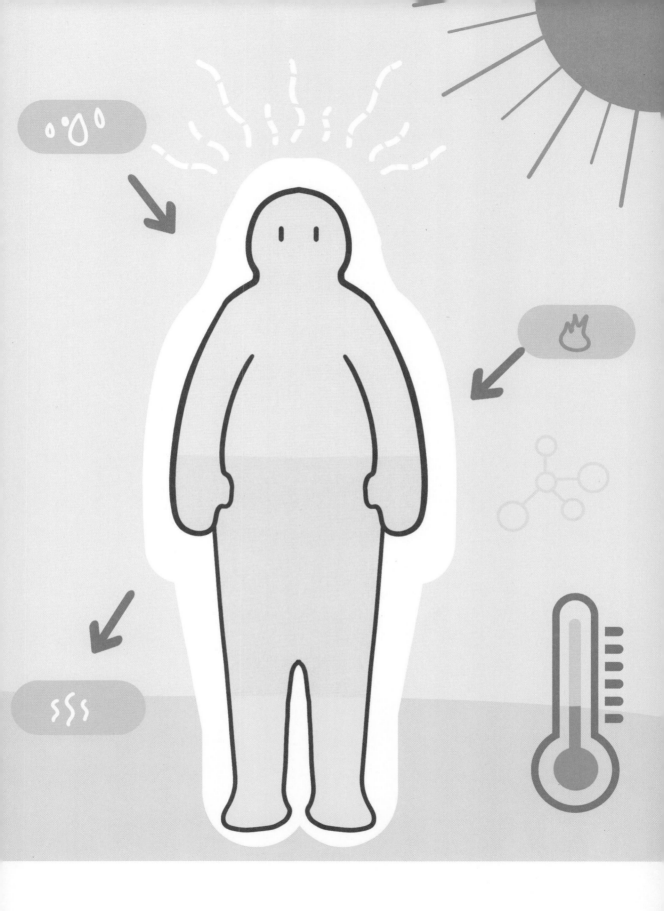

高温天气

城市的"热岛效应"

夏季来临，烈日炎炎，夏天有西瓜与冰棍，也有恼人的高温。我们国家一般把日最高气温达到或超过 35℃时的天气称为高温天气。

盛夏时节，受副热带高压控制的区域往往是高温天气集中出现的地区，这是因为副热带高压本身是个暖性高压，加上其盛行的下沉气流增温效应，高压中心地带（被称为脊线）的天气基本格调是晴热干燥。除了副热带高压之外，大陆暖高压、热低压等天气系统或者城市热岛效应、特殊地形等也是高温天气的诱发因素。

35℃

由于城市建筑群密集，柏油路和水泥路面比郊区的土壤、植被具有更大的吸热率和更小的比热容，使得城市地区升温较快，并向四周和大气中大量辐射热量，导致同一时间城区气温普遍高于周围郊区的气温，高温的城区处于低温的郊区包围之中，如同汪洋大海中的岛屿，人们把这种现象称为城市热岛效应。

19世纪初，英国气候学家路克·霍德华在《伦敦的气候》一书中首次提出了"热岛效应"的气候特征理念。国内外研究一般认为城市热岛属局地小气候现象，对区域气候的影响有限，对大尺度气候的影响基本可以忽略。但城市热岛效应的确会使城市内的天气更加酷热难耐，影响人们的正常生活。除此之外，高温会加快城市废气中氮氧化物和碳氢化合物的光化学反应，形成光化学烟雾，使地表臭氧浓度增加，破坏大气环境。

"火炉"与"火洲"

　　位于长江流域的重庆、武汉、南京三地因夏季气候炎热，人们将其比喻成"三大火炉"。

　　位于新疆的吐鲁番盆地属于典型的大陆性暖温带荒漠气候，干旱炎热，年降水量约 16 毫米，蒸发量高达 3000 毫米，夏季最高气温有过 49.6℃的纪录，6—8 月平均最高气温都在 38℃以上。中午的沙面温度，最高达 82.3℃，因此这里自古就有"火洲"之称。

　　2017 年，中国气象局国家气候中心通过综合分析中国省会城市和直辖市的气象资料，首次向公众权威公布中国夏季炎热城市情况，夏季炎热程度靠前的 10 个省会城市或直辖市分别为：重庆、福州、杭州、南昌、长沙、武汉、西安、南京、合肥、南宁。

高温天气
不等于桑拿天

桑拿天并不等于高温天气，当气温达到35℃即可判定为高温天气，相比之下，桑拿天对气温的限定略低，需要综合考虑气温、相对湿度、风速三个因素。因为桑拿天指的就是气温高、湿度大、风速小，给人们感觉类似蒸桑拿的闷热天气。

在气温相同的条件下，湿热天气里的体感温度会更高。从理论换算来说，气温为32℃，相对湿度60%时，体感温度就能达到37℃，而当相对湿度达到90%时，体感温度甚至能达到49℃。

三伏天
与秋老虎

三伏天主要指一年中气温最高最闷热的一段时期，是初伏、中伏、末伏的统称，一般出现在7月中旬至8月中旬。三伏天的气候特点是气温高、气压低、湿度大、风速小。按道理，出伏之后，天气会逐渐转凉，但如果高温天气又卷土重来，像老虎突然发动袭击，人们就说这是"秋老虎"。

秋老虎，在气象学上是指立秋以后出现的短期回热天气，多发生在8、9月间，持续日数约7～15天。

中暑

中暑的定义和症状

中暑是在高温和热辐射的长时间作用下，机体体温调节障碍，水、电解质代谢紊乱及神经系统功能损害症状的总称。

先兆中暑：出现大量出汗、口渴、头昏、耳鸣、胸闷、心悸、恶心、体温升高、全身无力现象。

轻度中暑：除上述病症外，出现呕吐、皮肤湿冷、血压下降、面色苍白、体温 38℃以上等症状。

重度中暑：除上述症状外，出现昏倒、痉挛、皮肤干燥无汗、体温 40℃以上等症状。

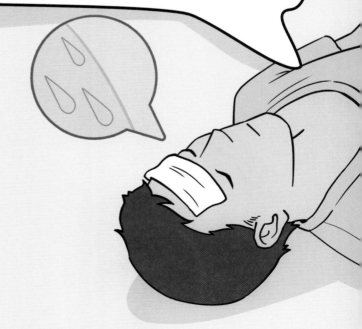

中暑后的急救措施

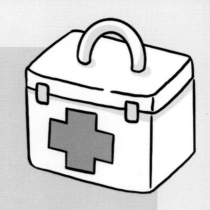

1 迅速将中暑患者移至凉快通风处，脱去或解开衣服，使患者平卧休息。

2 给患者喝含盐清凉饮料或含食盐 0.1%～0.3% 的凉开水。

3 用凉水或酒精擦身（重点擦拭双侧腋窝和腹股沟）帮助散热。

4 就近送医急救。

预防中暑的措施

要多喝水 在高温天气，不论是否运动，都应增加水分的摄入。如果需要在高温环境下进行体力劳动或剧烈运动的，应该多喝水，以矿泉水、凉白开为佳。

要注意防暑降温 高温天气下，在室内可打开空调、风扇，开窗通风。

要尽量在室内活动 充足休息，保持体力。

"三不要"

不要过多摄入高糖饮料 应尽量避免饮用冷冻饮料。

尽量不要在高温时段外出 室外活动最好避开正午时分，将时间安排在早晨或傍晚，尽可能多地在背阴处活动或休息，若必须在高温时段进行户外工作，应当采取换班轮休的方式，缩短连续工作时间。

不要忽略身体状况 如发现自己或周围人有中暑症状，应立即停止活动，转移至阴凉处休息；补充水分，小口慢饮；解开领口扣子、领带等，保持周围通风，涂抹或服用解暑药物。

季节与节气

四季的形成

"一年之计在于春"，我们知道春季是四季的开始，那么四季是怎么形成的呢？首先我们必须理解地球的公转。一个天体围绕着另一个天体转动叫作公转。地球作为太阳系里的行星，绕着太阳转动。地球公转一周的周期叫作一太阳年，约为 365 天 5 小时 48 分 46 秒。

黄赤交角，是指地球公转轨道面（黄道面）与赤道面（天赤道面）的交角，也称为太阳赤纬角或黄赤大距。地球绕太阳公转的黄赤交角约为23°26'。

　　虽然四季的变化与地球公转有关，但决定性因素还是黄赤交角。如果没有黄赤交角，那么地球绕着太阳旋转时，太阳将永远直射在赤道附近，其他地方接受太阳能量的角度也永远不会变，那么就不会有四季的变化。由于黄赤交角的存在，造成太阳直射点在地球南北纬23°26'之间往返移动的周年变化，从而引起正午太阳高度的季节变化和昼夜长短的季节变化，造成了各地区获得太阳能量多少的季节变化，于是形成了四季的更替。

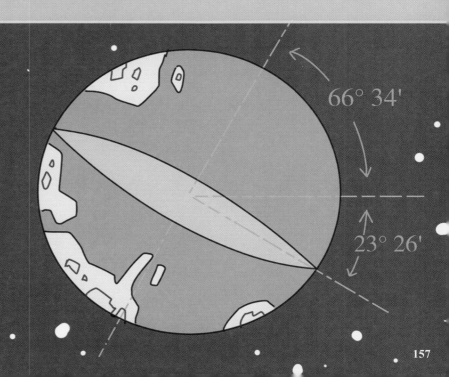

66° 34'

23° 26'

四季的划分

节气划分法：以立春、立夏、立秋、立冬为四季之始。

二十四个节气分别为：立春、雨水、惊蛰、春分、清明、谷雨、立夏、小满、芒种、夏至、小暑、大暑、立秋、处暑、白露、秋分、寒露、霜降、立冬、小雪、大雪、冬至、小寒、大寒。

"二十四节气"，是古人通过观察太阳周年运动，总结得出的变化规律。二十四节气是一个集合了天文、气象、历法、物候、农事、音律、干支、养生、节庆等的综合体系，是中国人重要的生活指南。二十四节气早已渗透到中国人的精神文化生活之中。

10℃＜候温＜22℃为秋季

依据气温变化划分：以候平均气温（连续5天气温的平均值）来进行划分。候平均气温大于或等于22℃的时期为夏季，小于或等于10℃的时期为冬季，介于10～22℃之间的为春季或秋季，这样的划分对于中纬度地区来说，会使季节与气候特征更加一致。

候温≤10℃为冬季

10℃＜候温＜22℃为春季

候温≥22℃为夏季

全球变暖

也许你已经在不同场合听到过"全球变暖"这个词，但它究竟意味着什么呢？1850年以来，全球平均气温总的来看呈现上升趋势。尤其是20世纪80年代以来，全球气温明显上升，每个连续十年都比前一个十年更暖。目前全球平均温度较工业化前水平高出约1.15℃。

这种全球气候变暖的现象是如何产生的呢？要回答这个问题，首先要了解什么是温室效应。

氢氟碳化物

氧化亚氮

温室效应

大气层中的一些气体不仅可以使太阳短波辐射到达地面，还能吸收地表受热后向外放出的大量长波辐射，使地表与低层大气温度增高，这种现象被称为大气的温室效应。

造成温室效应的气体称为被"温室气体"，这些气体有二氧化碳、甲烷、氢氟碳化物、氧化亚氮、全氟碳化物和六氟化硫等，其中与人类关系最密切的是二氧化碳。

　　近百年来全球的气候正在逐渐变暖，与此同时，大气中温室气体的含量也在急剧增加。许多科学家都认为，温室气体的大量排放所造成的温室效应加剧是全球变暖的根本原因。

　　全球变暖会使全球降水量重新分配、冰川和冻土消融、海平面上升，不仅危害自然生态系统的平衡，还影响人类健康，甚至威胁人类的生存。

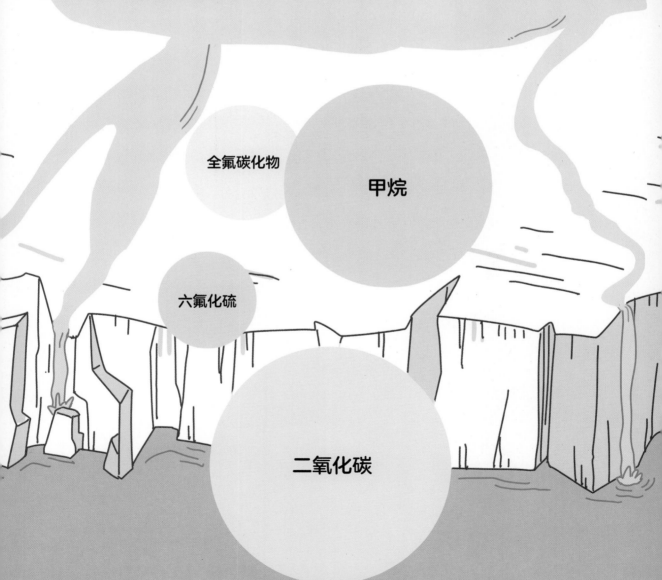

全氟碳化物

甲烷

六氟化硫

二氧化碳

碳达峰与碳中和

碳达峰是指在某一个时点，二氧化碳的排放不再增长达到峰值，之后逐步回落。碳达峰是二氧化碳排放量由增转降的历史拐点。

碳中和是指一段时间内，特定组织或整个社会活动产生的二氧化碳通过植树造林、海洋吸收、工程封存等自然、人为手段被吸收和抵消掉，实现人类活动二氧化碳相对"零排放"。

2020年9月，中国明确提出2030年"碳达峰"与2060年"碳中和"的"双碳"目标。

"双碳"行动与我们每个人息息相关，你做好准备践行绿色低碳的生活方式了吗？

《联合国气候变化框架公约》

　　《联合国气候变化框架公约》是指联合国大会于1992年5月9日通过的一项公约。同年6月在巴西里约热内卢召开的由世界各国政府首脑参加的联合国环境与发展会议期间签署。1994年3月21日，该公约生效，由150多个国家以及欧洲经济共同体共同签署，截至2023年7月，共有198个缔约方。公约由序言及26条正文组成，具有法律约束力，终极目标是将大气温室气体的浓度稳定在防止气候系统受到危险的人为干扰的水平上，这一水平应当在足以使生态系统能够自然地适应气候变化、确保粮食生产免受威胁并使经济发展能够可持续地进行的时间范围内实现。

未完待续……

现在你知道了吗？气象不仅是风霜雨雪，也不仅是温度变化，它还深刻地影响着我们的生产与生活。在大自然面前，我们应该学会保护自己，比如知道高温天气如何避免中暑，台风天怎么应对……还应该常怀敬畏之心，把保护环境作为自己义不容辞的责任。花开，蝉鸣，叶落，雪飘，天气现象永不停息地变化，大自然的节序轮回更替，我们对世界的探索和认知也永不停止……